U0291128

图解危险性较大的分部分项工程安全管理规定

黄锐锋　编

中国建筑工业出版社

图书在版编目（CIP）数据

图解危险性较大的分部分项工程安全管理规定 / 黄锐锋编. 北京：中国建筑工业出版社，2018.7（2023.12 重印）
ISBN 978-7-112-22271-1

Ⅰ. ①图… Ⅱ. ①黄… Ⅲ. ①建筑工程 — 工程施工 — 安全管理 — 图解 Ⅳ. ① TU714-64

中国版本图书馆CIP数据核字（2018）第109225号

随着基本建设改革力度的加大，住房城乡建设部第37次部常务会议审议通过了《危险性较大的分部分项工程安全管理规定》第37号文，该文于2018年6月1日开始实施。该规定条款共七章四十条，比《危险性较大的分部分项工程安全管理办法》（建质［2009］87号）共二十五条增加了更多管理条款，该安全管理规定对危险性较大的分部分项工程的安全管理更加严格，规定细化了对建设、设计、施工、监理及勘察等单位及个人的处罚条款。

本书以《危险性较大的分部分项工程安全管理规定》（住房和城乡建设部令第37号）的文件精神为蓝本，按安全管理规定的条款顺序逐条解答文件精神，并配图说明。在本规定的最后添加了关于实施《危险性较大的分部分项工程安全管理规定》有关问题的通知（建办质[2018]31号）文件中的附件1、附件2内容。本书图文并茂，解析详尽，可供从事建筑工程施工及监理人员学习使用。

责任编辑：王砾瑶　范业庶
责任校对：李欣慰

图解危险性较大的分部分项工程安全管理规定
黄锐锋　编
*
中国建筑工业出版社出版、发行（北京海淀三里河路9号）
各地新华书店、建筑书店经销
北京点击世代文化传媒有限公司制版
北京中科印刷有限公司印刷
*
开本：850×1168毫米　1/32　印张：3⅝　字数：106千字
2018年8月第一版　2023年12月第六次印刷
定价：36.00元
ISBN 978-7-112-22271-1
（32156）
版权所有　翻印必究
如有印装质量问题，可寄本社退换
（邮政编码 100037）

前　言

住房城乡建设部的《危险性较大的分部分项工程安全管理办法》（建质 [2009]87 号）文件颁布已近十年。近十年来，随着国家基本建设工程的投资力度加大，建设项目迅猛增加，发生在建设工程生产安全事故也明显增多，且伤害死亡人数加大，以至于群死群伤事件不断发生。在这近十年中，建质 [2009]87 号文在减少和控制建筑工程生产安全事故的发生方面，起着巨大的不可估量的作用。这个文件在建设系统几乎无人不晓，它是建设系统生产安全管理的白皮书。

随着基本建设改革力度的加大，2018 年 2 月 12 日住房城乡建设部第 37 次部常务会议审议通过了《危险性较大的分部分项工程安全管理规定》第 37 号文，该文将于 2018 年 6 月 1 日开始实施。该规定条款共七章四十条，比《危险性较大的分部分项工程安全管理办法》（建质 [2009]87 号）共二十五条增加了更多的管理条款。该安全管理规定对危险性较大的分部分项工程的安全管理更加严格，规定细化了对建设、设计、施工、监理及勘察等单位及个人的处罚条款。

根据《危险性较大的分部分项工程安全管理规定》（住房城乡建设部令第 37 号）的文件精神，笔者编写了本书。本书按安全管理规定的条款顺序逐条解答，并配图说明。在本规定的最后添加了关于实施《危险性较大的分部分项工程安全管理规定》有关问题的通知（建办质 [2018]31 号）文件中的附件 1、附件 2 内容，供从事建筑工程施工及监理人员学习使用。

编写本书的目的是希望为减少建设工程安全事故，有效遏制建筑施工群死群伤事件的发生尽自己的微薄之力。

目　录

第一章 总则

第一条 为加强对房屋建筑和市政基础设施工程中危险性较大的分部分项工程安全管理，有效防范生产安全事故，依据《中华人民共和国建筑法》《中华人民共和国安全生产法》《建设工程安全生产管理条例》等法律法规，制定本规定。

图解： 本规定依据《中华人民共和国建筑法》《中华人民共和国安全生产法》《建设工程安全生产管理条例》等法律法规制定。

图 1 国家建筑工程安全管理法律、法规、条例

图解说明：

《中华人民共和国建筑法》

《中华人民共和国建筑法》经 1997 年 11 月 1 日第八届全国人大常委会第 28 次会议通过；根据 2011 年 4 月 22 日第十一届全国人大常委会第 20 次会议《关于修改〈中华人民共和国建筑法〉的决定》修正。

《中华人民共和国建筑法》分总则、建筑许可、建筑工程发包与承包、建筑工程监理、建筑安全生产管理、建筑工程质量管理、法律责任、附则 8 章 85 条，自 1998 年 3 月 1 日起施行。

《中华人民共和国安全生产法》

《中华人民共和国安全生产法》是为了加强安全生产监督管理，防止和减少生产安全事故，保障人民群众生命和财产安全，促进经济发展而制定。

由中华人民共和国第九届全国人民代表大会常务委员会第二十八次会议于 2002 年 6 月 29 日通过公布，自 2002 年 11 月 1 日起施行。

2014年8月31日第十二届全国人民代表大会常务委员会第十次会议通过全国人民代表大会常务委员会关于修改《中华人民共和国安全生产法》的决定，自2014年12月1日起施行。

新版安全生产法于2016年修订。

《建设工程安全生产管理条例》

《建设工程安全生产管理条例》根据《中华人民共和国建筑法》、《中华人民共和国安全生产法》制定的国家法规，目的是加强建设工程安全生产监督管理，保障人民群众生命和财产安全。由国务院于2003年11月24日发布，自2004年2月1日起施行。共计8章71条。

第二条 本规定适用于房屋建筑和市政基础设施工程中危险性较大的分部分项工程安全管理。

图解1：房屋建筑工程，是指各类房屋建筑及其附属设施和与其配套的线路、管道、设备安装工程及室内外装修工程。

图解2：市政基础设施工程，是指城市道路、公共交通、供水、排水、燃气、热力、园林、环卫、污水处理、垃圾处理、防洪、地下公共设施及附属设施的土建、管道、设备安装工程。

图2.1 房屋建筑工程

图2.2 市政基础设施工程

第三条 本规定所称危险性较大的分部分项工程（以下简称“危大工程”），是指房屋建筑和市政基础设施工程在施工过程中，容易导致人员群死群伤或者造成重大经济损失的分部分项工程。

危大工程及超过一定规模的危大工程范围由国务院住房城乡建设主管部门制定。

省级住房城乡建设主管部门可以结合本地区实际情况，补充本地区危大工程范围。

图解 1： 危险性较大的分部分项工程（以下简称“危大工程”），是指房屋建筑和市政基础设施工程在施工过程中，容易导致人员群死群伤或者造成重大经济损失的分部分项工程。省级住房城乡建设主管部门可以结合本地区实际情况，补充本地区危大工程范围。

（a）基坑支护

（b）模板工程及支撑体系

（c）起重吊装及安装拆卸工程

（d）脚手架工程

（e）拆除、爆破工程

（f）暗挖工程

图 3.1　危险性较大的分部分项工程

图解说明：

依据住房城乡建设部办公厅关于实施《危险性较大的分部分项工程安全管理规定》有关问题的通知（建办质 [2018]31 号）文件，以下内容需编制安全专项施工方案。

附件 1：危险性较大的分部分项工程范围

一、基坑工程

（一）开挖深度超过 3m（含 3m）的基坑（槽）的土方开挖、支护、降水工程。

（二）开挖深度虽未超过3m，但地质条件、周围环境和地下管线复杂，或影响毗邻建、构筑物安全的基坑（槽）的土方开挖、支护、降水工程。

二、模板工程及支撑体系

（一）各类工具式模板工程：包括滑模、爬模、飞模、隧道模等工程。

（二）混凝土模板支撑工程：搭设高度5m及以上，或搭设跨度10m及以上，或施工总荷载（荷载效应基本组合的设计值，以下简称设计值）10kN/m^{2}及以上，或集中线荷载（设计值）15kN/m及以上，或高度大于支撑水平投影宽度且相对独立无联系构件的混凝土模板支撑工程。

（三）承重支撑体系：用于钢结构安装等满堂支撑体系。

三、起重吊装及起重机械安装拆卸工程

（一）采用非常规起重设备、方法，且单件起吊重量在10kN及以上的起重吊装工程。

（二）采用起重机械进行安装的工程。

（三）起重机械安装和拆卸工程。

四、脚手架工程

（一）搭设高度24m及以上的落地式钢管脚手架工程（包括采光井、电梯井脚手架）。

（二）附着式升降脚手架工程。

（三）悬挑式脚手架工程。

（四）高处作业吊篮。

（五）卸料平台、操作平台工程。

（六）异型脚手架工程。

五、拆除工程

可能影响行人、交通、电力设施、通信设施或其他建、构筑物安全的拆除工程。

六、暗挖工程

采用矿山法、盾构法、顶管法施工的隧道、洞室工程。

七、其他

（一）建筑幕墙安装工程。

（二）钢结构、网架和索膜结构安装工程。

（三）人工挖孔桩工程。

（四）水下作业工程。

（五）装配式建筑混凝土预制构件安装工程。

（六）采用新技术、新工艺、新材料、新设备可能影响工程施工安全，尚无国家、行业及地方技术标准的分部分项工程。

图解 2：超过一定规模的危险性较大的分部分项工程专项方案，施工单位应当组织专家对编制的专项方案进行专家论证。

（a）深基坑工程

（b）模板工程及支撑体系

（c）起重吊装及安装拆卸工程

（d）脚手架工程

（e）拆除、爆破工程

（f）暗挖工程

图 3.2　超过一定规模的危险性较大的分部分项工程

图解说明：

依据住房城乡建设部办公厅关于实施《危险性较大的分部分项工程安全管理规定》有关问题的通知（建办质 [2018]31 号）文件，以下内容的安全专项施工方案需组织专家论证。

附件 2：超过一定规模的危险性较大的分部分项工程范围

一、深基坑工程

开挖深度超过 5m（含 5m）的基坑（槽）的土方开挖、支护、降水工程。

二、模板工程及支撑体系

（一）各类工具式模板工程:包括滑模、爬模、飞模、隧道模等工程。

（二）混凝土模板支撑工程：搭设高度 8m 及以上，或搭设跨度 18m 及以上，或施工总荷载（设计值）15kN/m^2 及以上，或集中线荷载（设计值）20kN/m 及以上。

（三）承重支撑体系：用于钢结构安装等满堂支撑体系，承受单点集中荷载 7kN 及以上。

三、起重吊装及起重机械安装拆卸工程

（一）采用非常规起重设备、方法，且单件起吊重量在 100kN 及以上的起重吊装工程。

（二）起重量 300kN 及以上，或搭设总高度 200m 及以上，或搭设基础标高在 200m 及以上的起重机械安装和拆卸工程。

四、脚手架工程

（一）搭设高度 50m 及以上的落地式钢管脚手架工程。

（二）提升高度在 150m 及以上的附着式升降脚手架工程或附着式升降操作平台工程。

（三）分段架体搭设高度 20m 及以上的悬挑式脚手架工程。

五、拆除工程

（一）码头、桥梁、高架、烟囱、水塔或拆除中容易引起有毒有害气（液）体或粉尘扩散、易燃易爆事故发生的特殊建、构筑物的拆除工程。

（二）文物保护建筑、优秀历史建筑或历史文化风貌区影响范围内的拆除工程。

六、暗挖工程

采用矿山法、盾构法、顶管法施工的隧道、洞室工程。

七、其他

（一）施工高度 50m 及以上的建筑幕墙安装工程。

（二）跨度36m及以上的钢结构安装工程，或跨度60m及以上的网架和索膜结构安装工程。

（三）开挖深度16m及以上的人工挖孔桩工程。

（四）水下作业工程。

（五）重量1000kN及以上的大型结构整体顶升、平移、转体等施工工艺。

（六）采用新技术、新工艺、新材料、新设备可能影响工程施工安全，尚无国家、行业及地方技术标准的分部分项工程。

参考文件：

《关于开展危险性较大的分部分项工程落实施工方案专项行动的通知》（建安办函[2015]9号）

一、工作目标

通过深入开展专项行动，进一步强化施工现场安全管理，全面落实建筑施工企业和从业人员安全生产主体责任，及时消除施工现场安全隐患，确保危大工程按照规定编制专项施工方案及组织专家论证，并严格按照方案组织施工，有效遏制和防范建筑起重机械、模板支撑系统、深基坑等群死群伤事故的发生，促进全国建筑安全生产形势稳定好转。

第四条 国务院住房城乡建设主管部门负责全国危大工程安全管理的指导监督。

县级以上地方人民政府住房城乡建设主管部门负责本行政区域内危大工程的安全监督管理。

图解1：国务院住房城乡建设主管部门负责全国危大工程安全管理的指导监督。

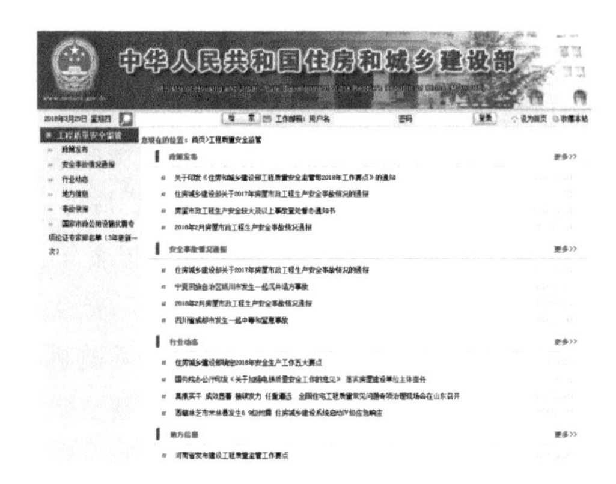

图 4.1 住房城乡建设部网站发布安全管理政策、指导监督工作

图解说明：

国务院住房城乡建设主管部门负责全国危大工程的安全管理、指导和监督工作，针对危大工程的管理先后印发了以下文件：

1.《危险性较大的分部分项工程安全管理规定》（建设部令第 37 号）

2.《起重机械、基坑工程等五项危险性较大的分部分项工程施工安全要点》（建安办函 [2017]12 号）

3.《关于进一步加强危险性较大的分部分项工程安全管理的通知》（建办质 [2017]39 号）

4.《关于开展危险性较大的分部分项工程落实施工方案专项行动的通知》（建安办函 [2015]9 号）

5.《危险性较大的分部分项工程安全管理办法》（建质 [2009] 87 号）

6.《住房和城乡建设部工程质量安全监管司 2018 年工作要点》（建质综函 [2018]15 号）

二、开展建筑施工安全专项治理行动，推动建筑业安全发展

（一）加强危大工程管控。贯彻落实《危险性较大的分部分项工程安全管理规定》，督促企业建立健全危大工程安全管理体系，全面开展危大工程安全隐患排查整治，加强各级监管部门的监督检查，严

厉惩处违法违规行为，切实管控好重大安全风险，严防安全事故发生。

（二）强化事故责任追究。以严肃问责为抓手推动安全生产工作，有效落实发生事故的施工企业安全生产条件复核制度，严格执行对事故责任企业责令停业整顿、降低资质等级或吊销资质证书等处罚规定，加大事故查处督办和公开力度，督促落实企业主体责任。

（三）构建监管长效机制。研究建立建筑施工安全监管工作考核机制，促进各级监管部门严格履职尽责。推行“双随机、一公开”检查模式，建设全国建筑施工安全监管信息系统，逐步实现各地监管信息互联互通，增强监管执法效能。

（四）提升安全保障能力。推进建筑施工安全生产标准化建设，提升标准化考评覆盖率和考评质量，研究制定标准化建设指导手册。深入开展“安全生产月”等活动，加强安全宣传教育，开展部分地区建筑施工安全监管人员培训，促进提高全行业安全素质。

图解 2： 县级以上地方人民政府住房城乡建设主管部门负责本行政区域内危大工程的安全监督管理。

图 4.2　地方政府住建局安监站负责安全监督管理

图解说明：

各县级以上地方人民政府住房城乡建设主管部门负责本行政区域

内危大工程的安全监督和管理工作，依据国务院住房城乡建设主管部门针对危大工程的管理，制定了管理办法、实施细则等文件，以北京市为例，先后印发了以下文件：

1.《北京市实施〈危险性较大的分部分项工程安全管理办法〉规定》

2.《北京市危险性较大的分部分项工程安全动态管理办法》

条文规定：

《房屋建筑和市政基础设施工程施工安全监督规定》（建质[2014]153号）

第三条　国务院住房城乡建设主管部门负责指导全国房屋建筑和市政基础设施工程施工安全监督工作。

县级以上地方人民政府住房城乡建设主管部门负责本行政区域内房屋建筑和市政基础设施工程施工安全监督工作。

县级以上地方人民政府住房城乡建设主管部门可以将施工安全监督工作委托所属的施工安全监督机构具体实施。

02

第二章 前期保障

第五条　建设单位应当依法提供真实、准确、完整的工程地质、水文地质和工程周边环境等资料。

图解：建设单位应当依法提供真实、准确、完整的工程地质、水文地质和工程周边环境等资料。建设单位提供工程勘察报告和工程周边环境安全评估报告。

深圳市龙岗区建筑工务局
平湖大新南片区水门地块拆迁安置区项目
岩土工程勘察报告
（详细阶段）

深圳市勘察测绘院有限公司
二〇一五年十一月

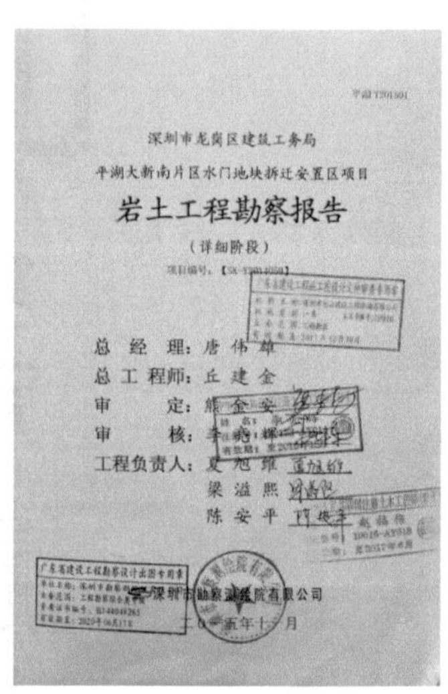

深圳市龙岗区建筑工务局
平湖大新南片区水门地块拆迁安置区项目
岩土工程勘察报告
（详细阶段）

总 经 理：唐伟雄
总工程师：丘建金
审　　定：熊金安
工程负责人：
梁溢熙
陈安平

深圳市勘察测绘院有限公司

图5　工程地质及水文地质资料文本

参考文件：

《郑州市建设工程施工现场周边环境安全评估管理办法》（郑政[2011]92号）

第四条　安全评估的主要内容：

（一）涉及周边环境的专项施工方案是否符合国家强制性标准规范要求，是否影响周边环境安全；

（二）毗邻高压线、高架桥、高大建筑、重要公共建筑及市政基础设施工程的状况；

（三）工程施工对毗邻建筑物、构筑物（含围墙、护坡、挡土墙）的影响；

（四）施工方法对周边建筑物、地下管线、市政道路等公用设施的影响；

（五）靠近水体、油库、地下管线、人防坑道、堤坝、危险品库、军事设施、测量标志的状况；

（六）桩基施工、深基坑施工、顶管施工、隧道及盾构施工、地下建筑物和施工降水对周边环境的影响；

（七）施工现场的临时设施选址是否合理，且应符合城市环境要求；

（八）施工现场脚手架、高支模、塔吊、易燃易爆化学品、有毒有害气体等重大危险源对周边建（构）筑物、电缆、通信、居民、行人、道路、车辆、集贸市场、幼儿园和学校等人员密集场所安全的影响；

（九）施工中各种粉尘、废气、废水、固体废弃物以及噪声、振动对环境的污染和危害程度；

（十）其他可能造成严重后果的危险源情况。

第六条 勘察单位应当根据工程实际及工程周边环境资料，在勘察文件中说明地质条件可能造成的工程风险。

设计单位应当在设计文件中注明涉及危大工程的重点部位和环节，提出保障工程周边环境安全和工程施工安全的意见，必要时进行专项设计。

图解1：勘察单位应当根据工程实际及工程周边环境资料，在勘察文件中说明地质条件可能造成的工程风险。文件包括勘察结论及建议等说明。

图解2：设计单位应当在设计文件中注明涉及危大工程的重点部位和环节，提出保障工程周边环境安全和工程施工安全的意见，必要时进行专项设计。

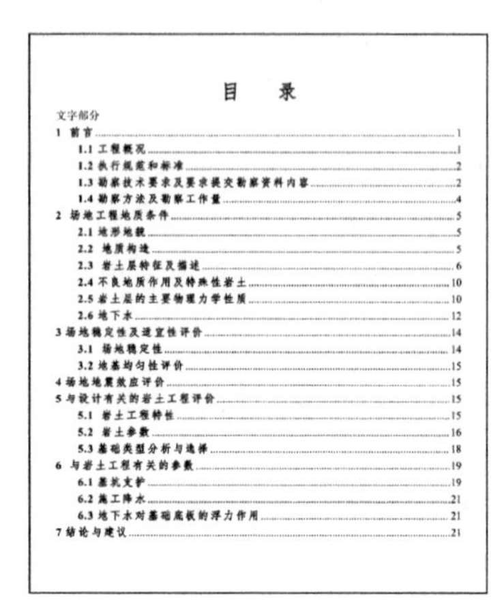

目　录

文字部分

平湖大新南片区水门地块拆迁安置区项目　　深圳市勘察测绘院有限公司

7 结论与建议

7.1 据本次勘察，场地内分布的地层为：人工填土层、冲洪积粘土层、淤泥质粘土层、坡积粘土层、残积粘土层、全、强、中、微风化粉砂岩。场地稳定，适宜建筑。

7.27.2 场地及附近均无人为采空区，未发现滑坡、泥石流等不良地质作用和地质灾害；场地内没有发现埋藏的河道、沟浜、墓穴、防空洞等；场地稳定性较好，适宜于建筑。

7.3 根据《岩土工程勘察规范》(GB50021-2001)（2009 年版）中相关规定判定：场地内地下水水质在强透水层对混凝土结构具弱腐蚀性，在弱透水性土层中对混凝土结构具微腐蚀性，对钢筋混凝土结构中的钢筋具微腐蚀性，水位以上土层对混凝土结构具微腐蚀性；对钢筋混凝土中的钢筋具微腐蚀性；对钢结构具微腐蚀性。

7.4 根据《建筑抗震设计规范》（GB50011-2010）的规定，该场地的抗震设防烈度为 6 度，设计基本地震加速度值为 0.05g，设计地震分组为第一组。

7.5 根据场地工程地质条件和建筑特点，拟建建筑物为高层住宅，荷载较大，不宜采用天然地基基础，建议采用冲（钻）孔灌注端承桩和旋挖桩基础，以中、微风化岩作为桩端持力层。

7.6 建议基坑南侧、西侧、北侧、东侧采用有限放坡结合排桩加锚杆；南侧区域可采用冲（钻）孔排桩加锚杆（索）的形式进行支护，并对桩间土采用高压旋喷桩或摆喷的方法形成止水帷幕。

图 6.1　勘察文件中应提出结论与建议

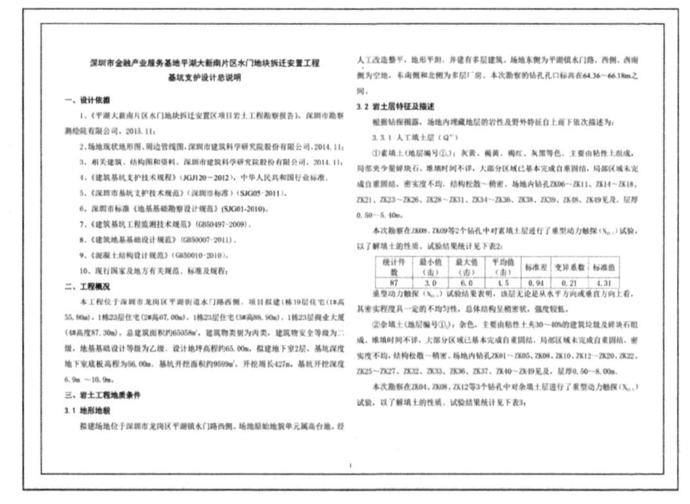

深圳市金融产业服务基地平湖大新南片区水门地块拆迁安置工程
基坑支护设计总说明

一、设计依据

1、《平湖大新南片区水门地块拆迁安置区项目岩土工程勘察报告》，深圳市勘察测绘院有限公司，2015.11；

2、场地现状地形图、周边管线图，深圳市建筑科学研究院股份有限公司，2014.11；

3、相关建筑、结构图和资料，深圳市建筑科学研究院股份有限公司，2014.11；

4、《建筑基坑支护技术规程》（JGJ120－2012），中华人民共和国行业标准。

5、《深圳市基坑支护技术规范》（深圳市标准）（SJG05-2011）。

6、深圳市标准《地基基础勘察设计规范》(SJG01-2010)。

7、《建筑基坑工程监测技术规范》（GB50497-2009）。

8、《建筑地基基础设计规范》（GB50007-2011）。

9、《混凝土结构设计规范》（GB50010-2010）。

10、现行国家及地方有关规范、标准及规程；

二、工程概况

本工程位于深圳市龙岗区平湖街道水门路西侧。项目拟建1栋19层住宅（1#高55.80m），1栋23层住宅（2#高67.00m），1栋23层住宅（3#高88.90m），1栋23层商业大厦（4#高度87.30m），总建筑面积约65058m²，建筑物类别为丙类，建筑物安全等级为二级，地基基础设计等级为乙级。设计地坪高程约65.00m，拟建地下室2层，基坑深度地下室底板高程为56.00m。基坑开挖面积约9599m²，开挖周长427m，基坑开挖深度6.9m ～10.9m。

三、岩土工程地质条件

3.1 地形地貌

拟建场地位于深圳市龙岗区平湖镇水门路西侧。场地原始地貌单元属高台地，经人工改造整平，地形平坦，并建有多层建筑。场地东侧为平湖镇水门路，西侧、西南侧为空地，东南侧和北侧为多层厂房。本次勘察的钻孔孔口标高在64.36～66.18m之间。

3.2 岩土层特征及描述

根据钻探揭露，场地内埋藏地层的岩性及野外特征自上而下依次描述为：

3.3.1 人工填土层（Q^{ml}）

①素填土（地层编号①$_1$）：灰黄、褐黄、褐红、灰黑等色，主要由粘性土组成，局部夹少量碎块石。堆填时间不详，大部分区域已基本完成自重固结，局部区域未完成自重固结，密实度不均，结构松散～稍密。场地内钻孔ZK06～ZK11、ZK14～ZK18、ZK21、ZK23～ZK26、ZK28～ZK31、ZK34～ZK36、ZK38、ZK39、ZK48、ZK49见及，层厚0.50～5.40m。

本次勘察在ZK08、ZK09等2个钻孔中对素填土层进行了重型动力触探（$N_{63.5}$）试验，以了解填土的性质，试验结果统计见下表2：

统计件数	最小值（击）	最大值（击）	平均值（击）	标准差	变异系数	标准值
87	3.0	6.0	4.5	0.94	0.21	4.31

重型动力触探（$N_{63.5}$）试验结果表明，该层无论是从水平方向或垂直方向上看，其密实程度具一定的不均匀性，总体结构呈稍密状，强度较低。

②杂填土（地层编号①$_2$）：杂色，主要由粘性土夹30～40%的建筑垃圾及碎块石组成。堆填时间不详，大部分区域已基本完成自重固结，局部区域未完成自重固结，密实度不均，结构松散～稍密。场地内钻孔ZK01～ZK05、ZK08、ZK10、ZK12～ZK20、ZK22、ZK25～ZK27、ZK32、ZK33、ZK36、ZK37、ZK40～ZK49见及，层厚0.50～8.00m。

本次勘察在ZK04、ZK08、ZK12等3个钻孔中对杂填土层进行了重型动力触探（$N_{63.5}$）试验，以了解填土的性质，试验结果统计见下表3：

1

图 6.2　设计文件注明保障工程周边安全的意见

第七条　建设单位应当组织勘察、设计等单位在施工招标文件中列出危大工程清单，要求施工单位在投标时补充完善危大工程清单并明确相应的安全管理措施。

图解1： 建设单位应当组织勘察、设计等单位在施工招标文件中列出危大工程清单。

图解2： 施工单位在投标时补充完善危大工程清单并明确相应的安全管理措施。

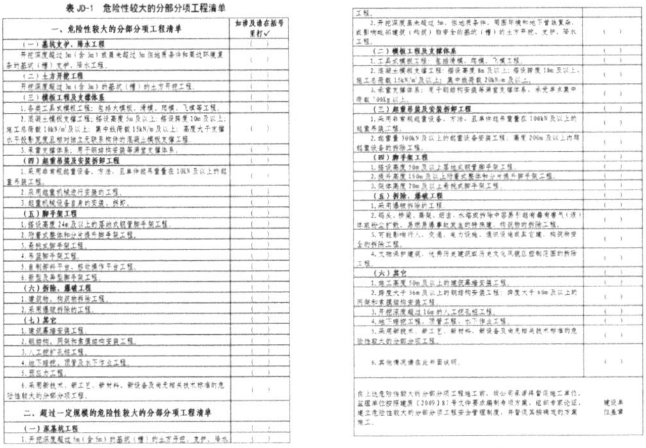

表 JD-1 危险性较大的分部分项工程清单

一、危险性较大的分部分项工程清单	如涉及请在括号里打✓
（一）基坑支护、降水工程	（ ）
开挖深度超过3m（含3m）或虽未超过3m但地质条件和周边环境复杂的基坑（槽）支护、降水工程。	（ ）
（二）土方开挖工程	（ ）
开挖深度超过3m（含3m）的基坑（槽）的土方开挖工程。	（ ）
（三）模板工程及支撑体系	（ ）
1.各类工具式模板工程：包括大模板、滑模、爬模、飞模等工程。	（ ）
2.混凝土模板支撑工程：搭设高度5m及以上；搭设跨度10m及以上；施工总荷载10kN/m²及以上；集中线荷载15kN/m及以上；高度大于支撑水平投影宽度且相对独立无联系构件的混凝土模板支撑工程。	（ ）
3.承重支撑体系：用于钢结构安装等满堂支撑体系。	（ ）
（四）起重吊装及安装拆卸工程	（ ）
1.采用非常规起重设备、方法，且单件起吊重量在10KN及以上的起重吊装工程。	（ ）
2.采用起重机械进行安装的工程。	（ ）
3.起重机械设备自身的安装、拆卸。	（ ）
（五）脚手架工程	（ ）
1.搭设高度24m及以上的落地式钢管脚手架工程。	（ ）
2.附着式整体和分片提升脚手架工程。	（ ）
3.悬挑式脚手架工程。	（ ）
4.吊篮脚手架工程。	（ ）
5.自制卸料平台、移动操作平台工程。	（ ）
6.新型及异型脚手架工程。	（ ）
（六）拆除、爆破工程	（ ）
1.建筑物、构筑物拆除工程。	（ ）
2.采用爆破拆除的工程。	（ ）
（七）其它	（ ）
1.建筑幕墙安装工程。	（ ）
2.钢结构、网架和索膜结构安装工程。	（ ）
3.人工挖扩孔桩工程。	（ ）
4.地下暗挖、顶管及水下作业工程。	（ ）
5.预应力工程。	（ ）
6.采用新技术、新工艺、新材料、新设备及尚无相关技术标准的危险性较大的分部分项工程。	（ ）
二、超过一定规模的危险性较大的分部分项工程清单	
（一）深基坑工程	（ ）
1.开挖深度超过5m（含5m）的基坑（槽）的土方开挖、支护、降水工程。	（ ）
2.开挖深度虽未超过5m，但地质条件、周围环境和地下管线复杂，或影响毗邻建筑（构筑）物安全的基坑（槽）的土方开挖、支护、降水工程。	（ ）
（二）模板工程及支撑体系	（ ）
1.工具式模板工程：包括滑模、爬模、飞模工程。	（ ）
2.混凝土模板支撑工程：搭设高度8m及以上；搭设跨度18m及以上，施工总荷载15kN/m²及以上；集中线荷载20kN/m及以上。	（ ）
3.承重支撑体系：用于钢结构安装等满堂支撑体系，承受单点集中荷载700kg以上。	（ ）
（三）起重吊装及安装拆卸工程	（ ）
1.采用非常规起重设备、方法，且单件起吊重量在100kN及以上的起重吊装工程。	（ ）
2.起重量300kN及以上的起重设备安装工程；高度200m及以上内爬起重设备的拆除工程。	（ ）
（四）脚手架工程	（ ）
1.搭设高度50m及以上落地式钢管脚手架工程。	（ ）
2.提升高度150m及以上附着式整体和分片提升脚手架工程。	（ ）
3.架体高度20m及以上悬挑式脚手架工程。	（ ）
（五）拆除、爆破工程	（ ）
1.采用爆破拆除的工程。	（ ）
2.码头、桥梁、高架、烟囱、水塔或拆除中容易引起有毒有害气（液）体或粉尘扩散、易燃易爆事故发生的特殊建、构筑物的拆除工程。	（ ）
3.可能影响行人、交通、电力设施、通讯设施或其它建、构筑物安全的拆除工程。	（ ）
4.文物保护建筑、优秀历史建筑或历史文化风貌区控制范围的拆除工程。	（ ）
（六）其它	（ ）
1.施工高度50m及以上的建筑幕墙安装工程。	（ ）
2.跨度大于36m及以上的钢结构安装工程；跨度大于60m及以上的网架和索膜结构安装工程。	（ ）
3.开挖深度超过16m的人工挖孔桩工程。	（ ）
4.地下暗挖工程、顶管工程、水下作业工程。	（ ）
5.采用新技术、新工艺、新材料、新设备及尚无相关技术标准的危险性较大的分部分项工程。	（ ）
6.其他情况请在此书面说明。	（ ）
在上述危险性较大的分部分项工程施工前，我公司承诺将督促施工单位、监理单位按照建质[2009]87号文件要求编制专项方案，组织专家论证，建立危险性较大的分部分项工程安全管理制度，并督促其按确定的方案施工。	建设单位盖章

图 7.1 危险性较大分部分项工程清单列表

危险性较大分部分项工程清单及安全管理方案

序号	分部分项名称	危险有害因素类别	目标	安全管理方案	责任部门	完成时间
1	基坑支护 降水工程 土方开挖	坍塌 高处坠落 机械伤害	确保无伤亡、无坍塌事故	1. 编制基坑支护及降水工程（土方开挖工程）方案，并经公司技术负责人审批同意，深基坑工程需专家论证； 2. 如发包给分包方的，分包方必须有相应的资质； 3. 做好对施工人员的安全教育及安全技术交底； 4. 按要求做好临边防护及隔离措施； 5. 按要求设置人员上下通道； 6. 基坑边不得堆载过重、过近； 7. 定期对支护、边坡变形进行监测； 8. 加强设备管理，挖掘机等机具距坑槽边距离应经计算确定，司机持证上岗，铲斗回转半径内禁止人员作业。	工程部、技术部、安全部	基础完成
2	模板工程	物体打击 支模架坍塌、高处坠落	确保无人员伤亡、无支模架坍塌事故	1. 编制搭、拆专项方案，并经公司技术负责人审批同意，高大模板工程需专家论证； 2. 搭、拆前必须对作业人员进行安全教育及安全技术交底； 3. 搭、拆人员须穿戴好个人防护用品（如安全带、安全帽、工作鞋等）； 4. 搭、拆期间设置警戒区域，有专职安全生产管理人员现场监督； 5. 搭设完后必须进行验收，确认合格后方准使用； 6. 做好对混凝土输送设备的检查验收工作。	工程部、技术部、安全部、木工班组	基础主体完成
3	起重吊装工程	起重伤害	确保无伤亡、无设备事故	1. 编制吊装方案并经公司技术负责人审批同意； 2. 吊装前必须对作业人员进行安全教育及安全技术交底； 3. 吊装期间必须设置警戒区域，有专职安全生产管理人员现场监督； 4. 作业人员必须持有效证上岗，吊臂下严禁站人； 5. 加强对设备的检查维修和保养。	工程部、技术部、安全部	起重吊装完成

图 7.2 施工单位补充危大工程安全管理措施

第八条 建设单位应当按照施工合同约定及时支付危大工程施工技术措施费以及相应的安全防护文明施工措施费，保障危大工程施工安全。

图解： 建设单位应当按照施工合同约定及时支付危大工程施工技术措施费以及相应的安全防护文明施工措施费，保障危大工程施工安全。

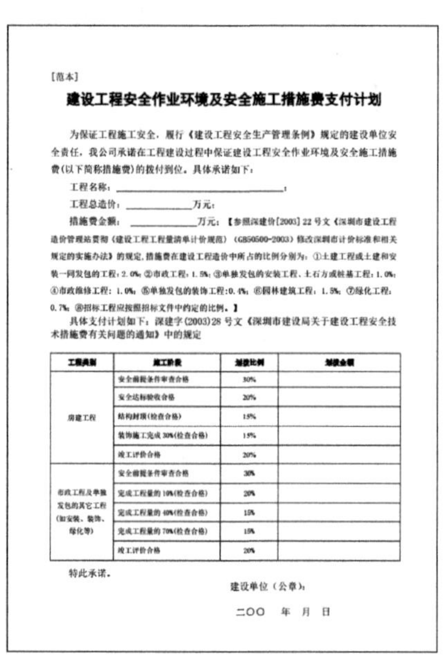

[范本]

建设工程安全作业环境及安全施工措施费支付计划

为保证工程施工安全，履行《建设工程安全生产管理条例》规定的建设单位安全责任，我公司承诺在工程建设过程中保证建设工程安全作业环境及安全施工措施费(以下简称措施费)的拨付到位。具体承诺如下：

工程名称：______________________；

工程总造价：__________万元；

措施费金额：__________万元：【参照深建价[2003] 22 号文《深圳市建设工程造价管理站贯彻〈建设工程工程量清单计价规范〉（GB50500-2003）修改深圳市计价标准和相关规定的实施办法》的规定，措施费在建设工程造价中所占的比例分别为：①土建工程或土建和安装一同发包的工程：2.0%；②市政工程：1.5%；③单独发包的安装工程、土石方或桩基工程：1.0%；④市政维修工程：1.0%；⑤单独发包的装饰工程：0.4%；⑥园林建筑工程：1.5%；⑦绿化工程：0.7%；⑧招标工程应按照招标文件中约定的比例。】

具体支付计划如下：深建字(2003)28 号文《深圳市建设局关于建设工程安全技术措施费有关问题的通知》中的规定

工程类别	施工阶段	划拨比例	划拨金额
房建工程	安全前提条件审查合格	30%	
	安全达标验收合格	20%	
	结构封顶(检查合格)	15%	
	装饰施工完成 30%(检查合格)	15%	
	竣工评价合格	20%	
市政工程及单独发包的其它工程(如安装、装饰、绿化等)	安全前提条件审查合格	30%	
	完成工程量的 10%(检查合格)	20%	
	完成工程量的 40%(检查合格)	15%	
	完成工程量的 70%(检查合格)	15%	
	竣工评价合格	20%	

特此承诺。

建设单位（公章）：

二〇〇 年 月 日

图 8 深圳市施工安全措施费支付计划范本

条文规定：

《建筑工程安全防护、文明施工措施费用及使用管理规定》（建办[2005]89 号）

第四条 建筑工程安全防护、文明施工措施费用是由《建筑安装工程费用项目组成》（建标 [2003]206 号）中措施费所含的文明施工费，环境保护费，临时设施费，安全施工费组成。

其中安全施工费由临边、洞口、交叉、高处作业安全防护费，危险性较大工程安全措施费及其他费用组成。危险性较大工程安全措施费及其他费用项目组成由各地建设行政主管部门结合本地区实际自行确定。

第十三条　建设单位未按本规定支付安全防护、文明施工措施费用的，由县级以上建设行政主管部门依据《建设工程安全生产管理条例》第五十四条规定，责令限期整改；逾期未改正的，责令该建设工程停止施工。

第九条　**建设单位在申请办理安全监督手续时，应当提交危大工程清单及其安全管理措施等资料。**

图解：建设单位在申请办理安全监督手续时，应当提交危大工程清单及其安全管理措施等资料。以下为建设行政部门要求提交的危大工程清单及安全管理承诺书格式。

建设工程危险性较大的分部分项工程清单

工程名称			
结构/层数			建筑面积（m²）
危险性较大的分部分项工程概况	模板支撑体系		模板形式：______；最大支模高度____m；最大跨度____m
			最大施工面荷载____kN/m²；最大集中线荷载____kN/m
	基坑（土方开挖）		开挖深度____m，____层
	起重吊装与装拆	塔式起重机	拟安装（拆卸）___台，最大安装高度___m，最大起重量___kN/次
		外用电梯	拟安装（拆卸）___台，最大安装高度____m
		物料提升机	拟安装（拆卸）___台，最大安装高度____m
		吊装	吊装设备______KN/台；单件起吊重量______KN；总件数___
	脚手架工程		搭设高度___m；搭设类型______
	拆除、爆破		项目名称________；面积（规模）______； 层数（高度）/栋______；拆卸方法________； 拆除中是否会引起有毒有害气（液）体、粉尘扩散，易燃易爆发生___； 是否会影响行人、交通、电力通讯设施____
	其　它		幕墙类型______，高度____m； 钢结构□、网架□、索膜□，跨度____m； 人工挖孔桩深度____m，数量___根； 地下暗挖□，顶管□，水下作业□；　预应力工程□；　其他□
安全管理措施和专项施工组织设计（或方案）、安全管理制度编制情况			
建设单位（公章）： 项目负责人： 日　期：	监理单位（公章）： 总监理工程师： 日　期：		施工单位（公章）： 项目负责人： 日　期：

注：1、超过一定规模的危险性较大的分部分项工程在开工前，按有关规定由施工单位到安监站办理专项登记手续，并提交相关资料。
2、本表由建设单位填写，一式二份，在报监时提交。（表中“□”有的填√，没有的填×）

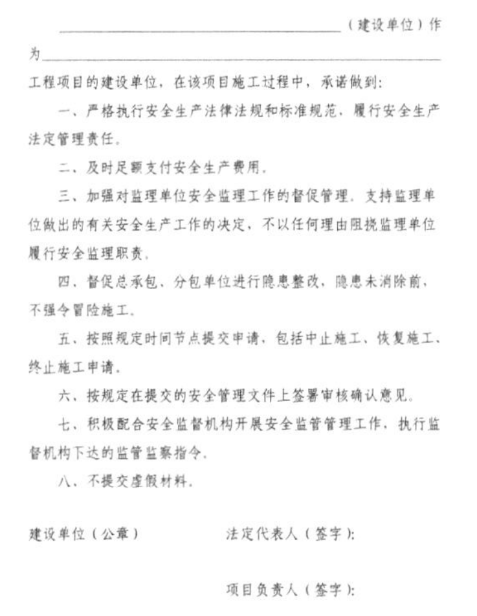

建设单位安全生产承诺书

________________（建设单位）作为________________工程项目的建设单位，在该项目施工过程中，承诺做到：

一、严格执行安全生产法律法规和标准规范，履行安全生产法定管理责任。

二、及时足额支付安全生产费用。

三、加强对监理单位安全监理工作的督促管理，支持监理单位做出的有关安全生产工作的决定，不以任何理由阻挠监理单位履行安全监理职责。

四、督促总承包、分包单位进行隐患整改，隐患未消除前，不强令冒险施工。

五、按照规定时间节点提交申请，包括中止施工、恢复施工、终止施工申请。

六、按规定在提交的安全管理文件上签署审核确认意见。

七、积极配合安全监督机构开展安全监管管理工作，执行监督机构下达的监管监察指令。

八、不提交虚假材料。

建设单位（公章）　　法定代表人（签字）：

项目负责人（签字）：

图9　危大工程清单及安全管理措施

条文规定：

《房屋建筑和市政基础设施工程施工安全监督工作规程》（建质[2014]154号）

第四条　工程项目施工前，建设单位应当申请办理施工安全监督手续，并提交以下资料：

（一）工程概况；

（二）建设、勘察、设计、施工、监理等单位及项目负责人等主要管理人员一览表；

（三）危险性较大分部分项工程清单；

（四）施工合同中约定的安全防护、文明施工措施费用支付计划；

（五）建设、施工、监理单位法定代表人及项目负责人安全生产承诺书；

（六）省级住房城乡建设主管部门规定的其他保障安全施工具体措施的资料。

监督机构收到建设单位提交的资料后进行查验，必要时进行现场踏勘，对符合要求的，在5个工作日内向建设单位发放《施工安全监督告知书》。

第八条　监督人员应当依据法律法规和工程建设强制性标准，对工程建设责任主体的安全生产行为、施工现场的安全生产状况和安全生产标准化开展情况进行抽查。工程项目危险性较大分部分项工程应当作为重点抽查内容。

监督人员实施施工安全监督，可采用抽查、抽测现场实物，查阅施工合同、施工图纸、管理资料，询问现场有关人员等方式。

监督人员进入工程项目施工现场抽查时，应当向工程建设责任主体出示有效证件。

03

第三章 专项施工方案

第十条 施工单位应当在危大工程施工前组织工程技术人员编制专项施工方案。

实行施工总承包的，专项施工方案应当由施工总承包单位组织编制。危大工程实行分包的，专项施工方案可以由相关专业分包单位组织编制。

图解：施工单位应当在危大工程施工前组织工程技术人员编制专项施工方案。实行施工总承包的，专项施工方案应当由施工总承包单位组织编制。危大工程实行分包的，专项施工方案可以由相关专业分包单位组织编制。

中国一冶集团有限公司

深圳市金融产业服务基地平湖大新南片区水门拆迁安置工程

基坑支护及土方开挖安全专项施工方案

建设单位：深圳市龙岗区建筑工务局

设计单位：深圳市勘察测绘院有限公司

监理单位：深圳市京圳工程咨询有限公司

施工单位：中国一冶集团有限公司

编　　号：SG-10781-AQ-01

编制时间：2016年10月10日

中国冶建第一军

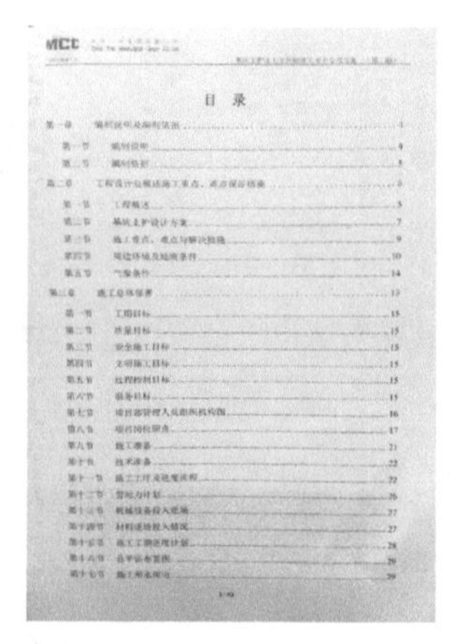
MCC

目　录

图10　施工单位编制专项施工方案

图解说明：

施工单位应按照住房城乡建设部办公厅关于实施《危险性较大的分部分项工程安全管理规定》有关问题的通知（建办质[2018]31号）文件要求编制。

二、关于专项施工方案内容

危大工程专项施工方案的主要内容应当包括：

（一）工程概况：危大工程概况和特点、施工平面布置、施工要求和技术保证条件；

（二）编制依据：相关法律、法规、规范性文件、标准、规范及施工图设计文件、施工组织设计等；

（三）施工计划：包括施工进度计划、材料与设备计划；

（四）施工工艺技术：技术参数、工艺流程、施工方法、操作要求、检查要求等；

（五）施工安全保证措施：组织保障措施、技术措施、监测监控措施等；

（六）施工管理及作业人员配备和分工：施工管理人员、专职安全生产管理人员、特种作业人员、其他作业人员等；

（七）验收要求：验收标准、验收程序、验收内容、验收人员等；

（八）应急处置措施；

（九）计算书及相关施工图纸。

第十一条 专项施工方案应当由施工单位技术负责人审核签字、加盖单位公章，并由总监理工程师审查签字、加盖执业印章后方可实施。

危大工程实行分包并由分包单位编制专项施工方案的，专项施工方案应当由总承包单位技术负责人及分包单位技术负责人共同审核签字并加盖单位公章。

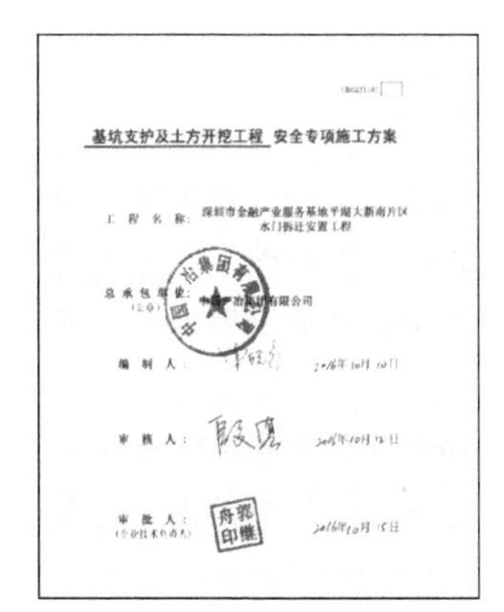

基坑支护及土方开挖工程 安全专项施工方案

工程名称：深圳市金融产业服务基地平湖大磡南片区水门拆迁安置工程

总承包单位：（公章）

编制人： 2016年10月10日

审核人： 2016年10月12日

审批人：（企业技术负责人） 2016年10月15日

安全专项施工方案报审表

同意

同意

图 11 施工单位技术负责人和总监签字

图解：专项施工方案应当由施工单位技术负责人审核签字、加盖单位公章。并由总监理工程师审查签字、加盖执业印章后方可实施。危大工程实行分包并由分包单位编制专项施工方案的，专项施工方案应当由总承包单位技术负责人及分包单位技术负责人共同审核签字并加盖单位公章。

图解说明：

《建设工程监理规范》（GB/T 50319-2013）

5.5 安全生产管理的监理工作

5.5.1 项目监理机构应根据法律法规、工程建设强制性标准，履行建设工程安全生产管理的监理职责；并应将安全生产管理的监理工作内容、方法和措施纳入监理规划及监理实施细则。

5.5.3 项目监理机构应审查施工单位报审的专项施工方案，符合要求的，应由总监理工程师签认后报建设单位。超过一定规模的危险性较大的分部分项工程的专项施工方案，应检查施工单位组织专家进行论证、审查的情况，以及是否附具安全验算结果。项目监理机构应要求施工单位按已批准的专项施工方案组织施工。专项施工方案需要调整时，施工单位应按程序重新提交项目监理机构审查。

专项施工方案审查应包括下列基本内容：

1 编审程序应符合相关规定。

2 安全技术措施应符合工程建设强制性标准。

第十二条 对于超过一定规模的危大工程，施工单位应当组织召开专家论证会对专项施工方案进行论证。实行施工总承包的，由施工总承包单位组织召开专家论证会。专家论证前专项施工方案应当通过施工单位审核和总监理工程师审查。

专家应当从地方人民政府住房城乡建设主管部门建立的专家库中选取，符合专业要求且人数不得少于5名。与本工程有利害关系的人员不得以专家身份参加专家论证会。

图解1：对于超过一定规模的危大工程，施工单位应当组织召开专家论证会对专项施工方案进行论证。实行施工总承包的，由施工总承包单位组织召开专家论证会。专家论证前专项施工方案应当通过施工单位审核和总监理工程师审查。超过一定规模的危大工程，详见关于实施《危险性较大的分部分项工程安全管理规定》有关问题的通知（建办质 [2018]31 号）附件 2：超过一定规模的危险性较大的分部分项工程范围。

图 12.1 施工单位组织召开专家论证会

图解说明：

专家论证会参会人员应符合关于实施《危险性较大的分部分项工程安全管理规定》有关问题的通知（建办质 [2018]31 号）文件要求。

三、关于专家论证会参会人员

超过一定规模的危大工程专项施工方案专家论证会的参会人员应当包括：

（一）专家；

（二）建设单位项目负责人；

（三）有关勘察、设计单位项目技术负责人及相关人员；

（四）总承包单位和分包单位技术负责人或授权委派的专业技术人员、项目负责人、项目技术负责人、专项施工方案编制人员、项目专职安全生产管理人员及相关人员；

（五）监理单位项目总监理工程师及专业监理工程师。

图解 2：专家应当从地方人民政府住房城乡建设主管部门建立的专家库中选取，符合专业要求且人数不得少于 5 名。与本工程有利害关系的人员不得以专家身份参加专家论证会。

图 12.2　专家库抽取符合专业要求的 5 名专家

图解说明：

参加论证会专家及专家抽取，应符合住房城乡建设部办公厅关于实施《危险性较大的分部分项工程安全管理规定》有关问题的通知（建办质 [2018]31 号）文件要求。

八、关于专家条件

设区的市级以上地方人民政府住房城乡建设主管部门建立的专家库专家应当具备以下基本条件：

（一）诚实守信、作风正派、学术严谨；

（二）从事相关专业工作 15 年以上或具有丰富的专业经验；

（三）具有高级专业技术职称。

九、关于专家库管理

设区的市级以上地方人民政府住房城乡建设主管部门应当加强对专家库专家的管理，定期向社会公布专家业绩，对于专家不认真履行论证职责、工作失职等行为，记入不良信用记录，情节严重的，取消专家资格。

第十三条 专家论证会后，应当形成论证报告，对专项施工方案提出通过、修改后通过或者不通过的一致意见。专家对论证报告负责并签字确认。

专项施工方案经论证需修改后通过的，施工单位应当根据论证报告修改完善后，重新履行本规定第十一条的程序。

专项施工方案经论证不通过的，施工单位修改后应当按照本规定的要求重新组织专家论证。

图解 1：专家论证会后，应当形成论证报告，对专项施工方案提出通过、修改后通过或者不通过的一致意见。专家对论证报告负责并签字确认。专项施工方案经论证需修改后通过的，施工单位应当根据论证报告修改完善后，重新履行本规定第十一条的程序。

危险性较大分部分项工程安全专项施工方案专家论证审查表

一、工程基本情况

工程名称					
方案名称					
用地面积	12547.26m²	结构类型		层数	
建设单位					
施工总承包单位					
专业承包单位					

分部分项工程类别：

危险性较大工程基本情况：

二、专家组审查综合意见及修改完善情况

专家组审查意见：

一、总体评价

二、意见与建议

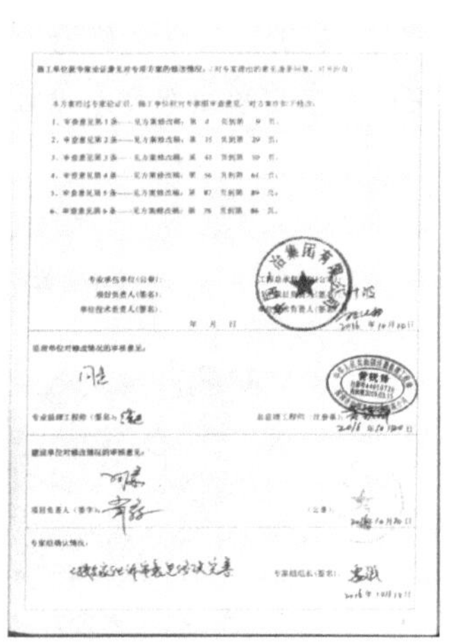

图 13.1 专家论证报告专家签字确认

图解说明：

专家论证内容及修改完善，应根据住房城乡建设部办公厅关于实施《危险性较大的分部分项工程安全管理规定》有关问题的通知（建办质 [2018]31 号）文件要求修改完善。

四、关于专家论证内容

对于超过一定规模的危大工程专项施工方案，专家论证的主要内容应当包括：

（一）专项施工方案内容是否完整、可行；

（二）专项施工方案计算书和验算依据、施工图是否符合有关标准规范；

（三）专项施工方案是否满足现场实际情况，并能够确保施工安全。

五、关于专项施工方案修改

超过一定规模的危大工程专项施工方案经专家论证后结论为“通过”的，施工单位可参考专家意见自行修改完善；结论为“修改后通过”的，专家意见要明确具体修改内容，施工单位应当按照专家意见进行修改，并履行有关审核和审查手续后方可实施，修改情况应及时告知专家。

图解 2：专项施工方案经论证不通过的，施工单位修改后应当按照本规定的要求重新组织专家论证。

图 13.2　专项方案论证不通过重新论证

参考文件：

《广东省住房和城乡建设厅关于〈危险性较大的分部分项工程安全管理办法〉的实施细则》（粤建质 [2011]13 号）

第十条　专家论证的主要内容：

论证报告结论应分为三种：通过、修改后通过和不通过。报告结论为修改后通过的，修改意见应当明确并具有可操作性，施工企业应当按专项方案论证会意见修改方案；报告结论为不通过的，施工企业应当重新编制方案，并再次组织专家论证。

第十四条　组织专家论证的施工企业应当于论证会召开3天前，将需要论证的专项方案送达论证专家。专家应在论证会前到施工现场进行实地考察，了解施工现场实际情况，并进行方案预审。

04

第四章 现场安全管理

第十四条 施工单位应当在施工现场显著位置公告危大工程名称、施工时间和具体责任人员，并在危险区域设置安全警示标志。

图解 1： 施工单位应当在施工现场显著位置公告危大工程名称、施工时间和具体责任人员。

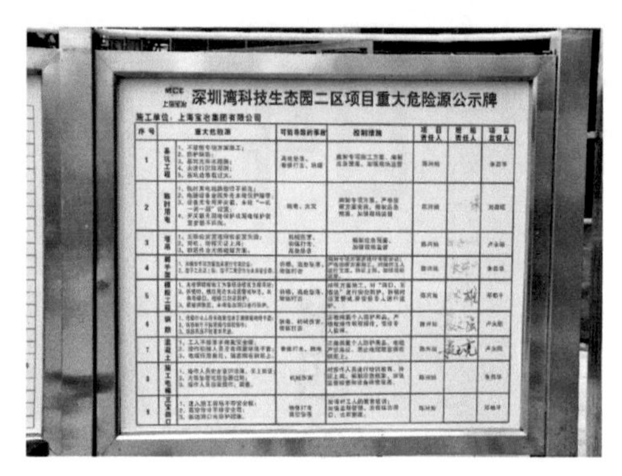

图 14.1 项目重大危险源公示牌

图解 2： 基坑工程临边的危险区域设置安全警示标志。

图 14.2 危险区域设置安全警示标志

处罚规定： 本规定第三十三条（二）未在施工现场显著位置公告危大工程，并在危险区域设置安全警示标志的，（施工安全主管部门）对施工单位和相关责任人员进行处罚。

第十五条 专项施工方案实施前，编制人员或者项目技术负责人应当向施工现场管理人员进行方案交底。

施工现场管理人员应当向作业人员进行安全技术交底，并由双方和项目专职安全生产管理人员共同签字确认。

图解 1： 专项施工方案实施前，编制人员或者项目技术负责人应当向施工现场管理人员进行方案交底。

图 15.1 项目技术负责人向现场管理人员交底

图解 2： 施工现场管理人员应当向作业人员进行安全技术交底，并由双方和项目专职安全生产管理人员共同签字确认。

图 15.2 现场管理人员向作业人员进行交底

处罚规定：依据本规定第三十三条（一）未向施工现场管理人员和作业人员进行方案交底和安全技术交底的，（施工安全主管部门）对施工单位和相关责任人员进行处罚。

第十六条 施工单位应当严格按照专项施工方案组织施工，不得擅自修改专项施工方案。

因规划调整、设计变更等原因确需调整的，修改后的专项施工方案应当按照本规定重新审核和论证。涉及资金或者工期调整的，建设单位应当按照约定予以调整。

图解 1：施工单位应当严格按照专项施工方案组织施工，不得擅自修改专项施工方案。

图 16.1 危大工程严格按方案施工

处罚规定：依据本规定第三十四条（三）施工单位未严格按照专项施工方案组织施工，或者擅自修改专项施工方案的，责令限期改正，处 1 万元以上 3 万元以下的罚款，并暂扣安全生产许可证 30 日；对直接负责的主管人员和其他直接责任人员处 1000 元以上 5000 元以下的罚款。

图解 2：因规划调整、设计变更等原因确需调整的，修改后的专项施工方案应当按照本规定重新审核和论证。涉及资金或者工期调整的，建设单位应当按照约定予以调整。

图 16.2　方案修改后重新专家论证

处罚规定：本规定第三十四条（二）施工单位未根据专家论证报告对超过一定规模的危大工程专项施工方案进行修改，或者未按照本规定重新组织专家论证的，责令限期改正，处 1 万元以上 3 万元以下的罚款，并暂扣安全生产许可证 30 日；对直接负责的主管人员和其他直接责任人员处 1000 元以上 5000 元以下的罚款。

第十七条　施工单位应当对危大工程施工作业人员进行登记，项目负责人应当在施工现场履职。

项目专职安全生产管理人员应当对专项施工方案实施情况进行现场监督，对未按照专项施工方案施工的，应当要求立即整改，并及时报告项目负责人，项目负责人应当及时组织限期整改。

施工单位应当按照规定对危大工程进行施工监测和安全巡视，发现危及人身安全的紧急情况，应当立即组织作业人员撤离危险区域。

图解 1：施工单位应当对危大工程施工作业人员进行登记，项目负责人应当在施工现场履职。

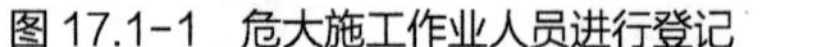

图 17.1-1　危大施工作业人员进行登记

图 17.1-2　项目负责人施工现场履职

处罚规定：本规定第三十五条（一）施工单位项目负责人未按照本规定现场履职或者组织限期整改的，责令限期改正，并处施工单位 1 万元以上 3 万元以下的罚款；对直接负责的主管人员和其他直接责任人员处 1000 元以上 5000 元以下的罚款。

图解 2：项目专职安全生产管理人员应当对专项施工方案实施情况进行现场监督。

图 17.2　项目专职安全员现场监督

处罚规定：本规定第三十三条（三）项目专职安全生产管理人员未对专项施工方案实施情况进行现场监督的，对施工单位和相关责任人员进行处罚。

图解 3：项目专职安全生产管理人员对未按照专项施工方案施工的，应当要求立即整改，并及时报告项目负责人，项目负责人应当及时组织限期整改。

图 17.3 安全员报告项目负责人

处罚规定：第三十四条（三）施工单位未严格按照专项施工方案组织施工，或者擅自修改专项施工方案的，责令限期改正，处 1 万元以上 3 万元以下的罚款，并暂扣安全生产许可证 30 日；对直接负责的主管人员和其他直接责任人员处 1000 元以上 5000 元以下的罚款。

图解 4：施工单位应当按照规定对危大工程进行施工监测和安全巡视。

图 17.4 对危大工程进行监测和巡视

处罚规定：本规定第三十五条（二）施工单位未按照本规定进行施工监测和安全巡视的，责令限期改正，并处 1 万元以上 3 万元以下的罚款；对直接负责的主管人员和其他直接责任人员处 1000 元以上 5000 元以下的罚款。

图解 5：施工单位发现危及人身安全的紧急情况，应当立即组织作业人员撤离危险区域。

图 17.5 紧急情况撤离危险区域

处罚规定：本规定第三十五条（四）发生险情或者事故时，未采取应急处置措施的，责令限期改正，并处 1 万元以上 3 万元以下的罚款；对直接负责的主管人员和其他直接责任人员处 1000 元以上 5000 元以下的罚款。

第十八条　监理单位应当结合危大工程专项施工方案编制监理实施细则，并对危大工程施工实施专项巡视检查。

图解 1：监理单位应当结合危大工程专项施工方案编制监理实施细则。

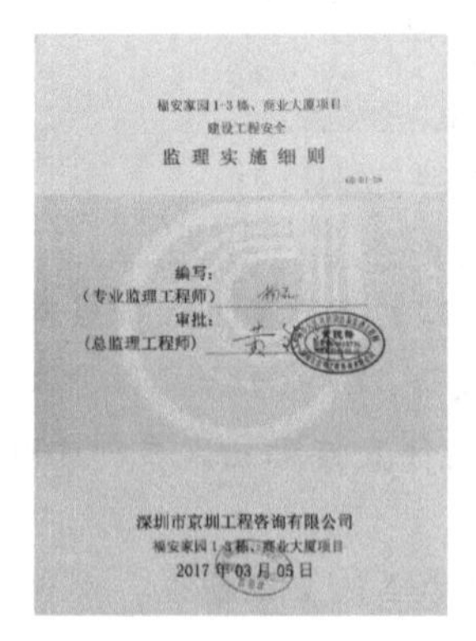

福安家园 1-3 栋、商业大厦项目
建设工程安全
监理实施细则

编写：
（专业监理工程师）
审批：
（总监理工程师）

深圳市京圳工程咨询有限公司
福安家园 1-3 栋、商业大厦项目
2017 年 03 月 05 日

福安家园 1-3 栋、商业大厦项目
塔式起重机安全管理
监理实施细则

编写：
（专业监理工程师）
审批：
（总监理工程师）

深圳市京圳工程咨询有限公司
福安家园 1-3 栋、商业大厦项目
2017 年 08 月 12 日

图 18.1 监理单位编制监理实施细则

处罚规定：本规定第三十七条（一）监理单位未按照本规定编制监理实施细则的，责令限期改正，并处1万元以上3万元以下的罚款；对直接负责的主管人员和其他直接责任人员处1000元以上5000元以下的罚款。

图解2：监理单位对危大工程施工实施专项巡视检查。

图18.2 监理单位实施专项巡视检查

处罚规定：本规定第三十七条（二）监理单位未对危大工程施工实施专项巡视检查的，责令限期改正，并处1万元以上3万元以下的罚款；对直接负责的主管人员和其他直接责任人员处1000元以上5000元以下的罚款。

第十九条　监理单位发现施工单位未按照专项施工方案施工的，应当要求其进行整改；情节严重的，应当要求其暂停施工，并及时报告建设单位。施工单位拒不整改或者不停止施工的，监理单位应当及时报告建设单位和工程所在地住房城乡建设主管部门。

说明1：监理单位发现施工单位未按照专项施工方案施工的，应当要求其进行整改；情节严重的，应当要求其暂停施工，并及时报告建设单位。

处罚规定：本规定第三十六条（二）监理单位发现施工单位未按照专项施工方案实施，未要求其整改或者停工的，依照《中华人民共和国安全生产法》《建设工程安全生产管理条例》对单位进行处罚；对直接负责的主管人员和其他直接责任人员处1000元以上5000元以下的罚款。

说明 2： 施工单位拒不整改或者不停止施工的，监理单位应当及时报告建设单位和工程所在地住房城乡建设主管部门。

处罚规定： 本规定第三十六条（三）施工单位拒不整改或者不停止施工时，监理单位未向建设单位和工程所在地住房城乡建设主管部门报告的，依照《中华人民共和国安全生产法》《建设工程安全生产管理条例》对单位进行处罚；对直接负责的主管人员和其他直接责任人员处 1000 元以上 5000 元以下的罚款。

第二十条　对于按照规定需要进行第三方监测的危大工程，建设单位应当委托具有相应勘察资质的单位进行监测。

监测单位应当编制监测方案。监测方案由监测单位技术负责人审核签字并加盖单位公章，报送监理单位后方可实施。

监测单位应当按照监测方案开展监测，及时向建设单位报送监测成果，并对监测成果负责；发现异常时，及时向建设、设计、施工、监理单位报告，建设单位应当立即组织相关单位采取处置措施。

图解 1： 对于按照规定需要进行第三方监测的危大工程，建设单位应当委托具有相应勘察资质的单位进行监测。第三方监测单位的测绘资质，属国家测绘地理信息局管理。扫描资质证书上的“二维码”验证真伪，或登录国家测绘地理信息局网站查询。

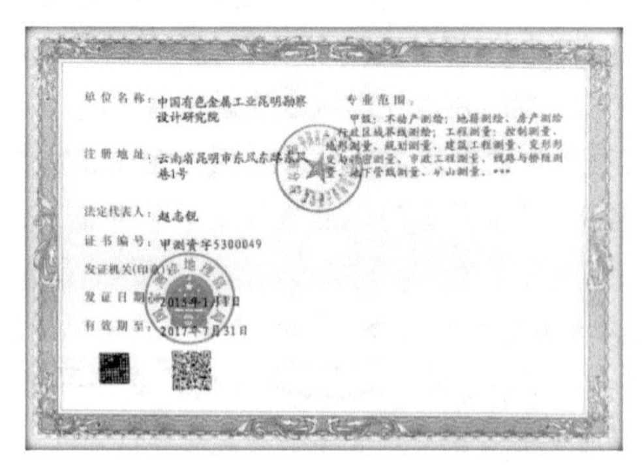

单位名称：中国有色金属工业昆明勘察设计研究院

注册地址：云南省昆明市东风东路东风巷1号

法定代表人：赵志锐

证书编号：甲测资字5300049

发证机关(印章)

发证日期：2015年1月1日

有效期至：2017年7月31日

专业范围：

甲级：不动产测绘：地籍测绘、房产测绘、行政区域界线测绘；工程测量：控制测量、地形测量、规划测量、建筑工程测量、变形形变与精密测量、市政工程测量、线路与桥隧测量、地下管线测量、矿山测量。***

图 20.1　建设单位委托第三方监测单位监测

处罚规定：依据本规定第二十九条（四）建设单位未按照本规定委托具有相应勘察资质的单位进行第三方监测的，责令限期改正，并处1万元以上3万元以下的罚款；对直接负责的主管人员和其他直接责任人员处1000元以上5000元以下的罚款。

图解2：监测单位应当编制监测方案。监测方案由监测单位技术负责人审核签字并加盖单位公章，报送监理单位后方可实施。

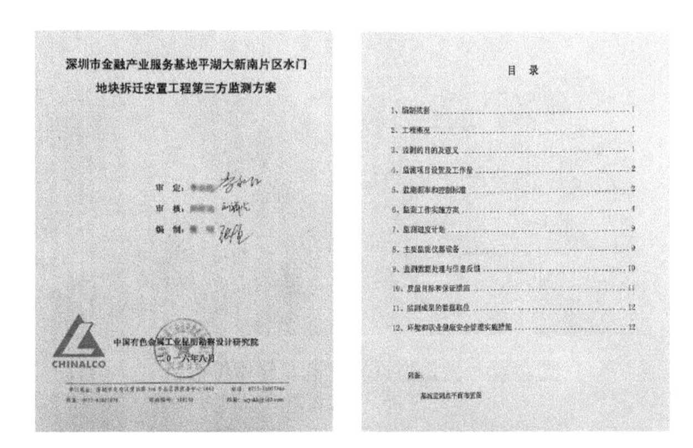

深圳市金融产业服务基地平湖大新南片区水门地块拆迁安置工程第三方监测方案

审 定：

审 核：

编 制：

中国有色金属工业昆明勘察设计研究院

二〇一六年八月

目 录

1、编制依据 …… 1
2、工程概况 …… 1
3、监测的目的及意义 …… 1
4、监测项目设置及工作量 …… 2
5、监测频率和控制标准 …… 2
6、监测工作实施方案 …… 4
7、监测进度计划 …… 9
8、主要监测仪器设备 …… 9
9、监测数据处理与信息反馈 …… 10
10、质量目标和保证措施 …… 11
11、[illegible] …… 12
12、环境和职业健康安全管理实施措施 …… 12

图 20.2 监测方案报送监理单位

图解3：监测单位应当按照监测方案开展监测，及时向建设单位报送监测成果，并对监测成果负责。

深圳湾科技生态园二三四区基坑工程

第三方监测报表

（第[illegible]期）

深圳市水务规划设计院

2014年8月8日

图 20.3 向建设单位报送监测报表

处罚规定：本规定第三十八条（三）监测单位未按照监测方案开展监测的，责令限期改正，并处1万元以上3万元以下的罚款；对直接负责的主管人员和其他直接责任人员处1000元以上5000元以下的罚款。

图解4：监测单位发现异常时，及时向建设、设计、施工、监理单位报告，建设单位应当立即组织相关单位采取处置措施。

图20.4 监测发现异常向参建单位报告

图解说明：

建筑深基坑工程监测当出现下列情况时，应加强观测，加大监测频率，并及时向建设、施工、监理、设计、质量监督等部门报告监测成果。

1. 监测项目的监测值达到报警标准；

2. 监测项目的监测值变化过大或者速率加快；

3. 出现超深开挖、超长开挖、未及时加撑等不按设计工况施工的情况；

4. 基坑及周围环境中大量积水、长时间连续降雨、市政管道出现渗漏；

5. 基坑附近地面荷载突然增大；

6. 支护结构出现开裂；

7. 邻近的建筑物或地面突然出现大量沉降、不均匀沉降或严重开裂；

8. 基坑底部、坡体或围护结构出现管涌、流沙现象。

建筑深基坑工程监测出现以下问题时，应立即停工，并对基坑支护结构和周围环境中的保护对象采取应急措施。

1. 出现了基坑工程设计方案、监测方案确定的报警情况，监测项目实测值达到设计监控报警值；

2. 基坑支护结构或后面土体的最大位移大于规定要求，或其水平位移速率已连续三日大于3mm/d；

3. 基坑支护结构的支撑或锚杆体系中有个别构件出现应力剧增、压屈、断裂、松弛或拔出迹象；

4. 已有建筑物的不均匀沉降已大于现行的地基基础设计规范规定的允许值，或建筑物的倾斜速率已连续三天大于0.0001H/d；

5. 已有建筑物的砌体部分出现宽度大于3mm的变形裂缝，或其附近地面出现15mm的裂缝，且上述裂缝尚可能发展；

6. 基坑底部或周围土体出现可能导致剪切破坏的迹象或其他可能影响安全的征兆（流砂、管涌等）。

处罚规定：本规定第三十八条（四）发现异常未及时报告的，责令限期改正，并处1万元以上3万元以下的罚款；对直接负责的主管人员和其他直接责任人员处1000元以上5000元以下的罚款。

第二十一条　对于按照规定需要验收的危大工程，施工单位、监理单位应当组织相关人员进行验收。验收合格的，经施工单位项目技术负责人及总监理工程师签字确认后，方可进入下一道工序。

危大工程验收合格后，施工单位应当在施工现场明显位置设置验收标识牌，公示验收时间及责任人员。

说明1：对于按照规定需要验收的危大工程，施工单位应当组织相关人员进行验收。

处罚规定：本规定第三十五条（三）施工单位未按照本规定组织危大工程验收的，责令限期改正，并处1万元以上3万元以下的罚款；对直接负责的主管人员和其他直接责任人员处1000元以上5000元以下的罚款。

说明 2：对于按照规定需要验收的危大工程，监理单位应当参与组织相关人员进行验收。

处罚规定：本规定第三十七条（三）监理单位未按照本规定参与组织危大工程验收的，责令限期改正，并处 1 万元以上 3 万元以下的罚款；对直接负责的主管人员和其他直接责任人员处 1000 元以上 5000 元以下的罚款。

图解 1：需要验收并验收合格的危大工程，需经施工单位项目技术负责人及总监理工程师签字确认后，方可进入下一道工序。

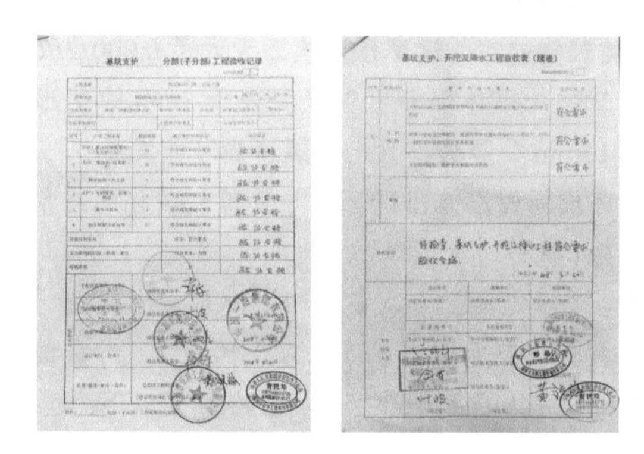

基坑支护　分部(子分部)工程验收记录

基坑支护、开挖及降水工程验收表（续表）

图 21.1　危险性较大工程验收文件

图解 2：危大工程验收合格后，施工单位应当在施工现场明显位置设置验收标识牌，公示验收时间及责任人员。

图 21.2　显著位置设置验收标识牌

第二十二条　危大工程发生险情或者事故时，施工单位应当立即采取应急处置措施，并报告工程所在地住房城乡建设主管部门。建设、勘察、设计、监理等单位应当配合施工单位开展应急抢险工作。

图解 1：危大工程发生险情或者事故时，施工单位应当立即采取应急处置措施，并报告工程所在地住房城乡建设主管部门。

图 22.1　险情发生采取应急处置措施

处罚规定：本规定第三十五条（四）施工单位发生险情或者事故时，未采取应急处置措施的，责令限期改正，并处 1 万元以上 3 万元以下的罚款；对直接负责的主管人员和其他直接责任人员处 1000 元以上 5000 元以下的罚款。

图解 2：建设、勘察、设计、监理等单位应当配合施工单位开展应急抢险工作。

图 22.2　参建单位配合应急抢险工作

第二十三条 危大工程应急抢险结束后，建设单位应当组织勘察、设计、施工、监理等单位制定工程恢复方案，并对应急抢险工作进行后评估。

图解 1：危大工程应急抢险结束后，建设单位应当组织勘察、设计、施工、监理等单位制定工程恢复方案，并对应急抢险工作进行后评估。

图 23.1 建设单位组织抢险工作后评估会

图解 2：危大工程应急抢险结束，应急抢险工作进行后评估完成后，建设单位应按工程恢复方案组织恢复工作。

图 23.2 建设单位组织危大工程恢复工作

参考文件：

1.《中华人民共和国突发事件应对法》

2.《广东省突发事件应对条例》

3.《广州市应急抢险救灾工程管理办法》

4.《珠海市抢险和应急工程管理办法》

第二十四条 施工、监理单位应当建立危大工程安全管理档案。

施工单位应当将专项施工方案及审核、专家论证、交底、现场检查、验收及整改等相关资料纳入档案管理。

监理单位应当将监理实施细则、专项施工方案审查、专项巡视检查、验收及整改等相关资料纳入档案管理。

图解1： 施工单位应当建立危大工程安全管理档案。将专项施工方案及审核、专家论证、交底、现场检查、验收及整改等相关资料纳入档案管理。

图24.1 施工单位危大工程安全管理档案

处罚规定： 本规定第三十五条（五）施工单位未按照本规定建立危大工程安全管理档案的，责令限期改正，并处1万元以上3万元以下的罚款；对直接负责的主管人员和其他直接责任人员处1000元以上5000元以下的罚款。

图解2： 监理单位应当建立危大工程安全管理档案。将监理实施细则、专项施工方案审查、专项巡视检查、验收及整改等相关资料纳入档案管理。

图 24.2　监理单位危大工程管理档案

处罚规定： 本规定第三十七条（四）监理单位未按照本规定建立危大工程安全管理档案的，责令限期改正，并处 1 万元以上 3 万元以下的罚款；对直接负责的主管人员和其他直接责任人员处 1000 元以上 5000 元以下的罚款。

05

第五章　监督管理

第二十五条 设区的市级以上地方人民政府住房城乡建设主管部门应当建立专家库，制定专家库管理制度，建立专家诚信档案，并向社会公布，接受社会监督。

图解：市级以上地方人民政府住房城乡建设主管部门建立危大工程专家库，制定专家库管理制度，建立专家诚信档案，并向社会公布，接受社会监督。

序号	证书编号	姓名	性别	出生年份	职称	单位名称	组长/组员	专业类别	联系电话	备注
1	CB320	[illegible]	男		高级工程师	[illegible]	组员	拆除、爆破工程		
2	CB319	[illegible]	男		教授级高工	北京理工大学	组员	拆除、爆破工程		
3	CB318	[illegible]	男	1956年	高级工程师	总装工程兵科研二所	组员	拆除、爆破工程	[illegible]	
4	CB316	[illegible]	男	1964年	高级工程师	总装工程兵科研二所	组员	拆除、爆破工程	[illegible]	
5	CB314	[illegible]	男	1963年	教授	中国矿业大学（北京）	组员	拆除、爆破工程		
6	CB313	[illegible]	男	1958年	高级工程师	北京光华建设监理有限公司	组员	拆除、爆破工程	[illegible]	
7	CB312	[illegible]	男	1957年	高级工程师	北京建工集团有限责任公司	组员	拆除、爆破工程	[illegible]	
8	CB311	[illegible]	男	1948年	高级工程师	中建二局土木工程有限公司	组员	拆除、爆破工程	[illegible]	
9	CB309	[illegible]	男	1971年	高级工程师	北京市市政工程管理处	组员	拆除、爆破工程	[illegible]	
10	CB306	[illegible]	男	1969年	副教授	中国矿业大学(北京)	组员	拆除、爆破工程	[illegible]	
11	CB305	[illegible]	男	1970年	高级工程师	[illegible]	组员	拆除、爆破工程	[illegible]	
12	CB304	[illegible]	女	1962年	高级安全工程师	北京建工集团有限责任公司	组员	拆除、爆破工程	[illegible]	
13	CB303	[illegible]	男	1954年	教授	中国矿业大学（北京）	组员	拆除、爆破工程		
14	CB302	[illegible]	男	1967年	高级工程师	北京市市政路桥管理养护集团有限公司	组员	拆除、爆破工程		
15	CB106	[illegible]	男	1962年	教授	[illegible]	组长	拆除、爆破工程	[illegible]	

图 25 北京市住房城乡建设委建立的危大工程专家库

图解说明：

北京市住建委依据建设部《危险性较大的分部分项工程安全管理办法》（建质[2009]87 号文）精神，先后印发了以下文件：

1.《北京市危险性较大分部分项工程专家库工作制度》

2.《北京市危险性较大分部分项工程安全专项施工方案专家论证细则》

3.《北京市危险性较大分部分项工程专家库专家的考评和诚信档案管理办法》

第二十六条 县级以上地方人民政府住房城乡建设主管部门或者所属施工安全监督机构，应当根据监督工作计划对危大工程进行抽查。

县级以上地方人民政府住房城乡建设主管部门或者所属施工安全监督机构，可以通过政府购买技术服务方式，聘请具有专业技术能力的单位和人员对危大工程进行检查，所需费用向本级财政申请予以保障。

图解 1：县级以上地方人民政府住房城乡建设主管部门或者所属施工安全监督机构，应当根据监督工作计划对危大工程进行抽查。

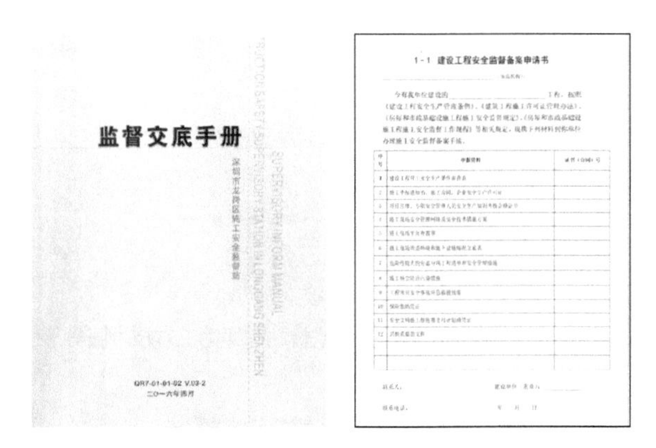

图 26.1-1 深圳市龙岗区施工安全监督站监督交底手册

QR7-04-02

深圳市龙岗区施工安全监督站

危险性较大的分部分项工程安全管理计划书

工程名称: 第 页

序号	分部分项工程名称	类别	可能导致的事故	专项方案控制时间			预计施工时间	主要控制措施	备注
				编制审批	专家评审	方案备案			
1		□危险工程 □超限危险工程							
2		□危险工程 □超限危险工程							
3		□危险工程 □超限危险工程							
4		□危险工程 □超限危险工程							
5		□危险工程 □超限危险工程							
6		□危险工程 □超限危险工程							

说明：1、本表“危险工程”是指危险性较大的分部分项工程；“超限危险工程“是指超过一定规模的危险性较大的分部分项工程。

2、责任单位在监督交底时领取本计划书表格样式，网上下载表格，填写后，在本站首次监督时向监督组提交计划书。

施工单位（盖章）： 监理单位（盖章）：

项目经理/时间： 总监/时间：

图 26.1-2 监督员按监督计划对危大工程进行抽查

图解 2： 县级以上地方人民政府住房城乡建设主管部门或者所属施工安全监督机构，可以通过政府购买技术服务方式，聘请具有专业技术能力的单位和人员对危大工程进行检查，所需费用向本级财政申请予以保障。

招标网
bidchance.com
400-633-1888

深圳市施工安全监督站第三方质量安全驻点巡查评估服务项目中标结果公示

招标编号	【正式会员登录后可浏览】	采购业主	【正式会员登录后可浏览】	招标公司	【正式会员登录后可浏览】
联系人	【正式会员登录后可浏览】	联系电话	【正式会员登录后可浏览】	通讯地址	【正式会员登录后可浏览】
邮政编码	【正式会员登录后可浏览】	截止日期	【正式会员登录后可浏览】		

公告摘要

受业主*******委托，招标网于2018年03月22日发布中标公告：深圳市施工安全监督站第三方质量安全驻点巡查评估服务项目中标结果公示。请中标单位及时与业主相关负责人联系，及时签署相关商务合同；未中标供应商也可及时向业主提出相关质疑。于此项目有关的其他供应商也可与中标商*******联系，及时提供后续设备与服务。

部分信息内容如下：（查看详细信息请登录）

***施工安全监督站第三方质量安全驻点巡查评估服务项目中标结果公示
日期：****-**-**
招标编号：*******
施工安全监督站第三方质量安全驻点巡查评估服务项目（申报书编号：******，招标编号：*******），项目评审结果如下：
*、投标供应商名称及报价、资格核查
投 标 商 名 称投标总价（元）资格核查
工程管理顾问有限公司￥*,,***.**合格
中昌工程咨询监理有限公司￥*,*,***.**合格
建筑工程咨询有限公司￥*,,***.**合格

*、经评标委员会推荐，并经采购人确认，评标结果公示如下：
中标单位：***建筑工程咨询有限公司

图 26.2-1　深圳市施工安全监督站购买第三方技术服务

图 26.2-2　聘请专业人员对危大工程进行检查

第二十七条　县级以上地方人民政府住房城乡建设主管部门或者所属施工安全监督机构，在监督抽查中发现危大工程存在安全隐患的，应当责令施工单位整改；重大安全事故隐患排除前或者排除过程中无

法保证安全的，责令从危险区域内撤出作业人员或者暂时停止施工；对依法应当给予行政处罚的行为，应当依法作出行政处罚决定。

图解 1： 县级以上地方人民政府住房城乡建设主管部门或者所属施工安全监督机构，在监督抽查中发现危大工程存在安全隐患的，应当责令施工单位整改。

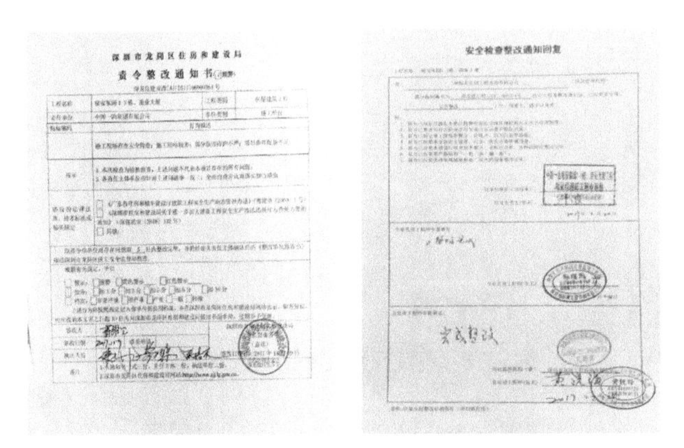
深圳市龙岗区住房和建设局
责令整改通知书

安全检查整改通知回复

图 27.1 责令整改通知书及通知回复

图解 2： 重大安全事故隐患排除前或者排除过程中无法保证安全的，责令从危险区域内撤出作业人员或者暂时停止施工。

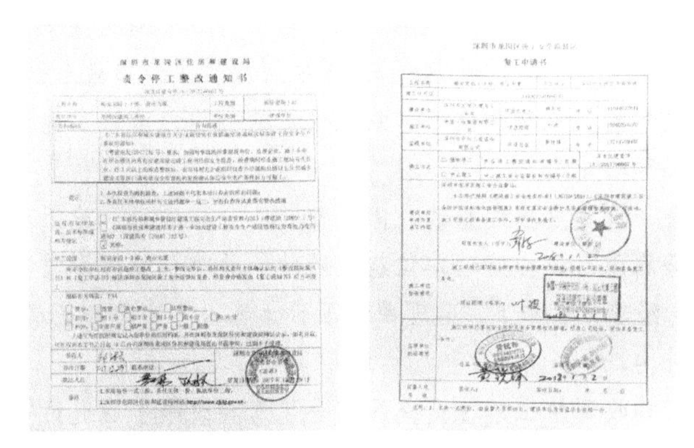
深圳市龙岗区住房和建设局
责令停工整改通知书

复工申请书

图 27.2 责令停工整改通知书及复工申请

图解 3：对依法应当给予行政处罚的行为，应当依法作出行政处罚决定。

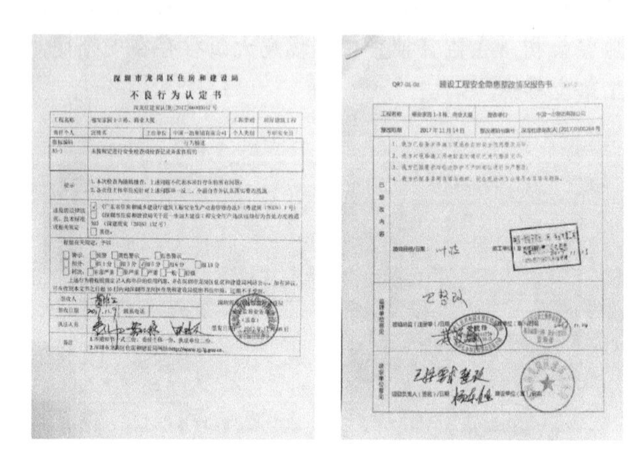

深圳市龙岗区住房和建设局

不良行为认定书

建设工程安全隐患整改情况报告书

2017年11月14日

图 27.3 不良行为认定书及整改报告

条文规定：

《房屋建筑和市政基础设施工程施工安全监督工作规程》（建质[2014]154 号）

第九条 监督人员在抽查过程中发现工程项目施工现场存在安全生产隐患的，应当责令立即整改；无法立即整改的，下达《限期整改通知书》，责令限期整改；安全生产隐患排除前或排除过程中无法保证安全的，下达《停工整改通知书》，责令从危险区域内撤出作业人员。对抽查中发现的违反相关法律、法规规定的行为，依法实施行政处罚或移交有关部门处理。

第十条 被责令限期整改、停工整改的工程项目，施工单位应当在排除安全隐患后，由监理单位组织验收，验收合格后形成安全隐患整改报告，经建设、施工、监理单位项目负责人签字并加盖单位公章，提交监督机构。

监督机构收到施工单位提交的安全隐患整改报告后进行查验，必要时进行现场抽查。经查验符合要求的，监督机构向停工整改的工程项目，发放《恢复施工通知书》。

责令限期整改、停工整改的工程项目，逾期不整改的，监督机构应当按权限实施行政处罚或移交有关部门处理。

第二十八条　县级以上地方人民政府住房城乡建设主管部门应当将单位和个人的处罚信息纳入建筑施工安全生产不良信用记录。

图解：县级以上地方人民政府住房城乡建设主管部门将单位和个人的处罚信息纳入建筑施工安全生产不良信用记录，并在信用信息管理平台公示。

序号	主体名称	主体类别	行为类别	行为描述	行为档次	有效期	行为日期	记录单位
1	中国园林股份有限公司	施工	质量类	第三方变形监测方案未报审；第三方变形监测报告不及时；原材料送检不及时；抽查龙岗街道同德社区吓坑一路152号边坡，坡面未按设计图纸要求的坡率修坡；未做锚杆基本试验。	轻微	-	2018-03-09	深圳市龙岗区住房和建设局
2	深圳市华建工程项目管理有限公司	监理	质量类	第三方变形监测方案未报审；第三方变形监测报告不及时；原材料送检不及时；抽查龙岗街道同德社区吓坑一路152号边坡，坡面未按设计图纸要求的坡率修坡；未做锚杆基本试验。	轻微	-	2018-03-09	深圳市龙岗区住房和建设局
3	中国华西企业有限公司	施工	质量类	现场1#、2#北侧裙楼基础开挖破坏部分基坑支护原有喷射混凝土。	轻微	-	2018-03-08	深圳市龙岗区住房和建设局
4	中建二局第四建筑工程有限公司	施工	质量类	基坑周边堆载不符合设计要求，未经原基坑支护设计单位计算复核，擅自在坑边搭设工作平台；监督检查意见书（深龙建质检[2017]0326）未回复；钢筋机械连接接头（JL-201701911、JL-201701912）、外加剂性能检测（WX-20170072OB）不合格未处理。	轻微	-	2018-03-08	深圳市龙岗区住房和建设局

图 28　深圳市龙岗区住建局建立信用信息管理平台

参考文件：

《建筑市场信用管理暂行办法》（建市 [2017]241 号）

第九条　各级住房城乡建设主管部门应当完善信用信息公开制度，通过省级建筑市场监管一体化工作平台和全国建筑市场监管公共服务平台，及时公开建筑市场各方主体的信用信息。

公开建筑市场各方主体信用信息不得危及国家安全、公共安全、经济安全和社会稳定，不得泄露国家秘密、商业秘密和个人隐私。

第十条　建筑市场各方主体的信用信息公开期限为：

（一）基本信息长期公开；

（二）优良信用信息公开期限一般为3年；

（三）不良信用信息公开期限一般为6个月至3年，并不得低于相关行政处罚期限。具体公开期限由不良信用信息的认定部门确定。

《深圳市建筑施工企业诚信管理办法》（深建规[2012]6号）

《深圳市工程建设市场主体信用管理办法》（征求意见稿）

06

第六章 法律责任

第二十九条 建设单位有下列行为之一的，责令限期改正，并处1万元以上3万元以下的罚款；对直接负责的主管人员和其他直接责任人员处1000元以上5000元以下的罚款：

（一）未按照本规定提供工程周边环境等资料的；

（二）未按照本规定在招标文件中列出危大工程清单的；

（三）未按照施工合同约定及时支付危大工程施工技术措施费或者相应的安全防护文明施工措施费的；

（四）未按照本规定委托具有相应勘察资质的单位进行第三方监测的；

（五）未对第三方监测单位报告的异常情况组织采取处置措施的。

图解：建设单位存在以上五项问题，对建设单位处1万元以上3万元以下的罚款；对直接负责的主管人员和其他直接责任人员处1000元以上5000元以下的罚款。

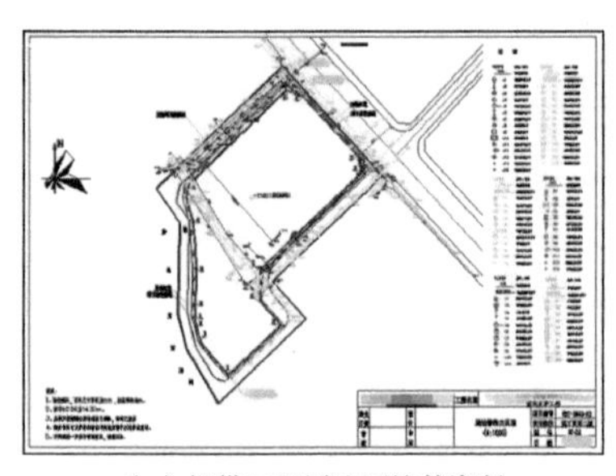

（a）提供工程周边环境等资料

危险性较大的分部分项工程清单（表JD-1-3）

一、危险性较大的分部分项工程清单	如涉及请在括号里打✓
（一）基坑支护、降水工程	（ ）
开挖深度超过3m（含3m）或虽未超过3m但地质条件和周边环境复杂的基坑（槽）支护、降水工程。	（ ）
（二）土方开挖工程	（ ）
开挖深度超过3m（含3m）的基坑（槽）的土方开挖工程。	（ ）
（三）模板工程及支撑体系	（ ）
1.各类工具式模板工程：包括大模板、滑模、爬模、飞模等工程。	（ ）
2.混凝土模板支撑工程：搭设高度5m及以上；搭设跨度10m及以上；施工总荷载10kN/m²及以上；集中线荷载15kN/m及以上；高度大于支撑水平投影宽度且相对独立无联系构件的混凝土模板支撑工程。	（ ）
3.承重支撑体系：用于钢结构安装等满堂支撑体系。	（ ）
（四）起重吊装及安装拆卸工程	（ ）
1.采用非常规起重设备、方法，且单件起吊重量在10KN及以上的起重吊装工程。	（ ）

（b）在招标文件中列出危大工程清单

建设工程安全文明施工措施费支付计划

为保证工程施工安全，履行建设单位安全责任，我公司承诺在工程建设过程中保证建设工程安全文明施工措施费（以下简称措施费）的拨付到位。具体承诺如下：

工程名称：______________________；

工程总造价：____________元；

措施费金额：____________元；［按编号为____________的《　　　　　　合同》第_____条约定计算］

造价工程师：____________（签字并盖章）

具体支付计划如下：［参照深建规（2010）5号文《关于印发<深圳市建设工程安全文明施工措施费管理办法>的通知》的规定］

预付款：

工程开工后15日内预付安全文明施工措施费，合同工期在一年以内的，预付额度不得低于费用总额的50%；合同工期在一年以上的（含一年），预付额度不得低于费用总额的30%；

（c）约定及时支付危大工程措施费

（d）委托有资质单位进行第三方监测

图29 建设单位未满足以上要求的处罚（一）

（e）监测报告异常采取处置措施

图 29　建设单位未满足以上要求的处罚（二）

第三十条　勘察单位未在勘察文件中说明地质条件可能造成的工程风险的，责令限期改正，依照《建设工程安全生产管理条例》对单位进行处罚；对直接负责的主管人员和其他直接责任人员处 1000 元以上 5000 元以下的罚款。

图解： 勘察单位未在勘察文件中说明地质条件可能造成的工程风险的，工程所辖的行政区建设主管部门可以行使对勘察单位的处罚权。对直接负责的主管人员和其他直接责任人员处 1000 元以上 5000 元以下的罚款。

图 30　勘察文件说明地质条件的工程风险

参考文件：

《房屋建筑和市政基础设施工程勘察文件编制深度规定》（建质[2010]215 号）

4　房屋建筑工程

4.6　结论与建议

4.6.1　结论与建议应有明确的针对性，并包括下列内容：

1　岩土工程评价的重要结论的简明阐述；

2　工程设计施工应注意的问题；

3　工程施工对环境的影响及防治措施的建议；

4　其他相关问题及处置建议。

第三十一条　设计单位未在设计文件中注明涉及危大工程的重点部位和环节，未提出保障工程周边环境安全和工程施工安全的意见的，责令限期改正，并处 1 万元以上 3 万元以下的罚款；对直接负责的主管人员和其他直接责任人员处 1000 元以上 5000 元以下的罚款。

图解：设计单位未在设计文件中注明涉及危大工程的重点部位和环节，未提出保障工程周边环境安全和工程施工安全的意见的，工程所辖的行政区建设主管部门可以行使对设计单位的处罚权。对设计单位处罚 1 万元以上 3 万元以下的罚款；对直接负责的主管人员和其他直接责任人员处 1000 元以上 5000 元以下的罚款。

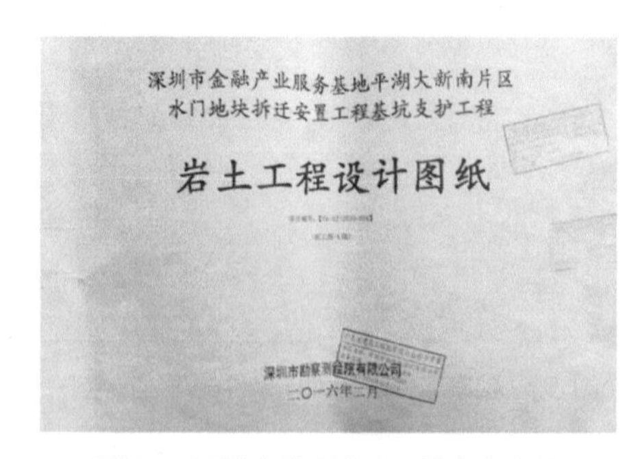
深圳市金融产业服务基地平湖大新南片区
水门地块拆迁安置工程基坑支护工程

岩土工程设计图纸

二〇一六年二月

图 31　设计文件应注明工程安全意见

参考文件：

《建筑工程设计文件编制深度规定（2016版）》（建质函[2016]247号）

5.2 基坑与边坡工程设计

5.2.5 基坑施工图设计说明应包括以下内容。

9 基坑施工要点及应急抢险预案。

1）土方开挖方式、开挖顺序、运输路线、分层厚度、分段长度、对称均匀开挖的必要性。

2）施工注意事项，施工顺序应与支护结构的设计工况相一致。

3）根据基坑设计及地质资料对施工中可能发生的情况变化分析说明，制定切实可行的应急抢险方案。

10 基坑监测要求：说明监测项目、监测方法、监测频率和允许变形值及报警值。

5.2.6 基坑设计施工图应包括以下内容：

1 基坑周边环境图。

1）注明基坑周边地下管线的类型、埋置深度与截面尺寸以及管线与开挖线的距离；

2）注明基坑周边建（构）筑物结构形式、基础形式、基础埋深和周边道路交通负载量；

3）注明地下室外墙线与红线、基坑开挖线及周边建（构）筑物的关系。

第三十二条 **施工单位未按照本规定编制并审核危大工程专项施工方案的，依照《建设工程安全生产管理条例》对单位进行处罚，并暂扣安全生产许可证30日；对直接负责的主管人员和其他直接责任人员处1000元以上5000元以下的罚款。**

图解：施工单位未按照本规定编制并审核危大工程专项施工方案的，工程所辖的行政区建设主管部门可以行使对施工单位的处罚权。对施工单位暂扣安全生产许可证30日的处罚；对直接负责的主管人员和其他直接责任人员处1000元以上5000元以下的罚款。

中国一冶集团有限公司

深圳市金融产业服务基地平湖大新南片区水门拆迁安置工程

基坑支护及土方开挖安全专项施工方案

建设单位：深圳市龙岗区建筑工务局

设计单位：深圳市勘察测绘院有限公司

监理单位：深圳市京圳工程咨询有限公司

施工单位：中国一冶集团有限公司

编　　号：SG-10781-AQ-01

编制时间：2016年10月10日

中国冶建第一军

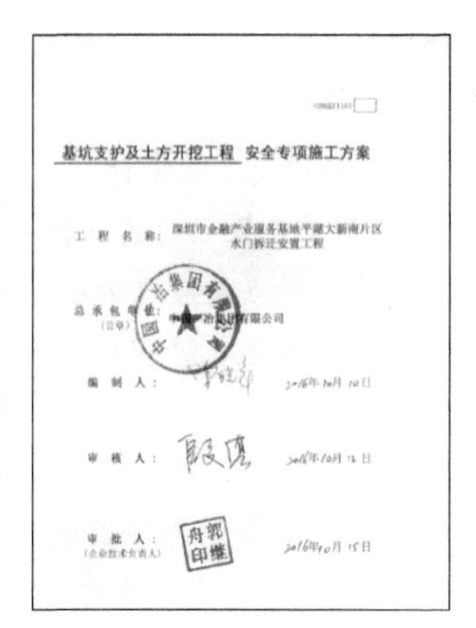

基坑支护及土方开挖工程 安全专项施工方案

工程名称：深圳市金融产业服务基地平湖大新南片区水门拆迁安置工程

总承包单位（公章）：中国一冶集团有限公司

编制人：2016年10月10日

审核人：2016年10月12日

审批人（企业技术负责人）：2016年10月15日

图 32　编制审核危大工程专项方案

图解说明：

《关于开展危险性较大的分部分项工程落实施工方案专项行动的通知》（建安办函 [2015]9 号）（摘要）

二、整治重点

突出整治以下 5 类危大工程：（一）基坑支护；（二）土方（隧道）开挖；（三）脚手架；（四）模板支撑体系；（五）起重机械安装、吊装及拆卸等。

三、整治内容

（一）安全专项施工方案编制情况。危大工程安全专项施工方案编制、审核、专家论证的程序是否符合规定，方案内容是否齐全有效，相关单位和人员是否按照要求进行签字盖章。

五、工作要求

（三）加强执法，严厉查处。各地住房城乡建设主管部门对施工现场发现的问题和隐患，要责令企业限期逐一整改到位；对施工现场未编制危大工程安全专项施工方案、不按方案及操作规程施工等重大隐患，一律要求其停工整改。对于隐患治理及整改不力，导致安全事故的责任企业，一律依法暂扣或吊销安全生产许可证；发生较大及以上生产安全事故的，一律依法责令停业整顿或降低资质等级直至吊销资质证书，并严格追究相关责任人员的责任。

第三十三条　施工单位有下列行为之一的，依照《中华人民共和国安全生产法》《建设工程安全生产管理条例》对单位和相关责任人员进行处罚：

（一）未向施工现场管理人员和作业人员进行方案交底和安全技术交底的；

（二）未在施工现场显著位置公告危大工程，并在危险区域设置安全警示标志的；

（三）项目专职安全生产管理人员未对专项施工方案实施情况进行现场监督的。

图解：施工单位存在以上三项问题，工程所辖的行政区建设主管部门可以行使对施工单位的处罚权，对施工单位和相关责任人员进行处罚。

（a）向现场管理人员交底

（b）向现场作业人员交底

（c）在显著位置公告危大工程

（d）在危险区域设置警示标志

（e）对方案实施情况进行现场监督

图 33　施工单位未满足以上要求的处罚

第三十四条　施工单位有下列行为之一的，责令限期改正，处 1 万元以上 3 万元以下的罚款，并暂扣安全生产许可证 30 日；对直接负责的主管人员和其他直接责任人员处1000元以上5000元以下的罚款：

（一）未对超过一定规模的危大工程专项施工方案进行专家论证的；

（二）未根据专家论证报告对超过一定规模的危大工程专项施工方案进行修改，或者未按照本规定重新组织专家论证的；

（三）未严格按照专项施工方案组织施工，或者擅自修改专项施工方案的。

图解：施工单位存在以上三项问题，工程所辖的行政区建设主管部门可以行使对施工单位的处罚权。对施工单位处1万元以上3万元以下的罚款，并暂扣安全生产许可证30日；对直接负责的主管人员和其他直接责任人员处1000元以上5000元以下的罚款。

（a）对超过规模的专项方案论证

（b）重新组织专家论证

（c）按照专项方案施工

图34 施工单位未满足以上要求的处罚

《建设工程监理规范》（GB/T 50319-2013）

5.5 安全生产管理的监理工作

5.5.5 项目监理机构应巡视检查危险性较大的分部分项工程专项施工方案实施情况。发现未按专项施工方案实施时，应签发监理通知单，要求施工单位按专项施工方案实施。

5.5.6 项目监理机构在实施监理过程中，发现工程存在安全事故隐患时，应签发监理通知单，要求施工单位整改；情况严重时，应签发工程暂停令，并应及时报告建设单位。施工单位拒不整改或不停止施工时，项目监理机构应及时向有关主管部门报送监理报告。

第三十五条　施工单位有下列行为之一的，责令限期改正，并处1万元以上3万元以下的罚款；对直接负责的主管人员和其他直接责任人员处1000元以上5000元以下的罚款：

（一）项目负责人未按照本规定现场履职或者组织限期整改的；

（二）施工单位未按照本规定进行施工监测和安全巡视的；

（三）未按照本规定组织危大工程验收的；

（四）发生险情或者事故时，未采取应急处置措施的；

（五）未按照本规定建立危大工程安全管理档案的。

图解：施工单位存在以上五项问题，工程所辖的行政区建设主管部门可以行使对施工单位的处罚权。对施工单位处1万元以上3万元以下的罚款；对直接负责的主管人员和其他直接责任人员处1000元以上5000元以下的罚款。

（a）项目负责人应现场履职

（b）进行监测和安全巡视

（c）组织危大工程验收

（d）发生险情应急处置

（e）建筑大工程安全管理档案

图35　施工单位未满足以上要求的处罚

第三十六条　监理单位有下列行为之一的，依照《中华人民共和国安全生产法》《建设工程安全生产管理条例》对单位进行处罚；对直接负责的主管人员和其他直接责任人员处1000元以上5000元以下的罚款：

（一）总监理工程师未按照本规定审查危大工程专项施工方案的；

（二）发现施工单位未按照专项施工方案实施，未要求其整改或者停工的；

（三）施工单位拒不整改或者不停止施工时，未向建设单位和工程所在地住房城乡建设主管部门报告的。

图解：监理单位存在以上三项问题，工程所辖的行政区建设主管部门可以行使对监理单位的处罚权。对监理单位进行处罚；对直接负责的主管人员和其他直接责任人员处1000元以上5000元以下的罚款。

（a）总监审查专项施工方案

（b）按专项方案实施或整改

（c）施工问题不整改不停工监理应报告

图36　监理单位未满足以上要求的处罚

《建设工程监理规范》（GB/T 50319-2013）

5.5　安全生产管理的监理工作

5.5.3　项目监理机构应审查施工单位报审的专项施工方案，符合要求的，应由总监理工程师签认后报建设单位。超过一定规模的危险性较大的分部分项工程的专项施工方案，应检查施工单位组织专家进行论证、审查的情况，以及是否附具安全验算结果。项目监理机构应要求施工单位按已批准的专项施工方案组织施工。专项施工方案需要调整时，施工单位应按程序重新提交项目监理机构审查。

专项施工方案审查应包括下列基本内容：

1. 编审程序应符合相关规定。

2. 安全技术措施应符合工程建设强制性标准。

第三十七条 监理单位有下列行为之一的，责令限期改正，并处1万元以上3万元以下的罚款；对直接负责的主管人员和其他直接责任人员处1000元以上5000元以下的罚款：

（一）未按照本规定编制监理实施细则的；

（二）未对危大工程施工实施专项巡视检查的；

（三）未按照本规定参与组织危大工程验收的；

（四）未按照本规定建立危大工程安全管理档案的。

图解：监理单位存在以上四项问题，工程所辖的行政区建设主管部门可以行使对监理单位的处罚权。对监理单位处1万元以上3万元以下的罚款；对直接负责的主管人员和其他直接责任人员处1000元以上5000元以下的罚款。

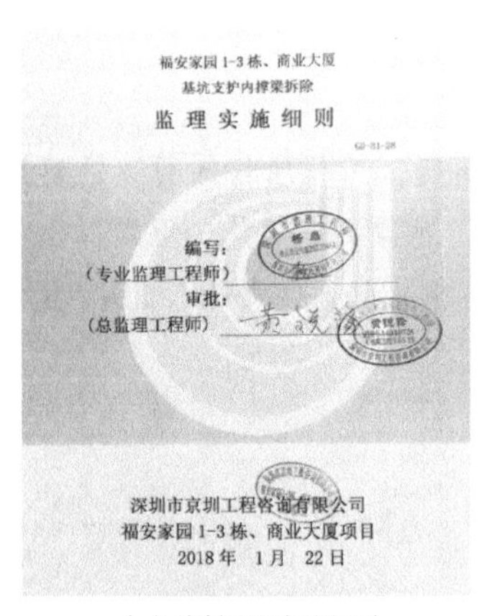
福安家园1-3栋、商业大厦
基坑支护内撑梁拆除
监理实施细则

编写：
（专业监理工程师）
审批：
（总监理工程师）

深圳市京圳工程咨询有限公司
福安家园1-3栋、商业大厦项目
2018年 1月 22日

（a）编制监理实施细则

（b）实施专项巡视检查

（c）参与组织危大工程验收

（d）建立危大工程安全管理档案

图37 监理单位未满足以上要求的处罚

《建设工程监理规范》(GB/T 50319-2013)

5.5 安全生产管理的监理工作

5.5.1 项目监理机构应根据法律法规、工程建设强制性标准，履行建设工程安全生产管理的监理职责；并应将安全生产管理的监理工作内容、方法和措施纳入监理规划及监理实施细则。

第三十八条 监测单位有下列行为之一的，责令限期改正，并处1万元以上3万元以下的罚款；对直接负责的主管人员和其他直接责任人员处1000元以上5000元以下的罚款：

（一）未取得相应勘察资质从事第三方监测的；

（二）未按照本规定编制监测方案的；

（三）未按照监测方案开展监测的；

（四）发现异常未及时报告的。

图解：监测单位存在以上四项问题，工程所辖的行政区建设主管部门可以行使对监测单位的处罚权。对监测单位处1万元以上3万元以下的罚款；对直接负责的主管人员和其他直接责任人员处1000元以上5000元以下的罚款。

测绘资质证书

单位名称：广州建通测绘地理信息技术股份有限公司

法定代表人：刘志洪

注册地址：广州市天河区高普路1027号D栋6楼（国家软件产业基地）

证书编号：甲测资字4400424

有效期至：2019年12月31日

专业范围：

甲级：测绘航空摄影：一般航摄、倾斜航摄；摄影测量与遥感；工程测量：控制测量、地形测量、规划测量、建筑工程测量、变形形变与精密测量、市政工程测量、水利工程测量、线路与桥隧测量、矿山测量、工程测量监理；不动产测绘：地籍测绘、行政区域界线测绘……

发证机关（印章）

国家测绘地理信息局制

（a）取得资质从事第三方监测

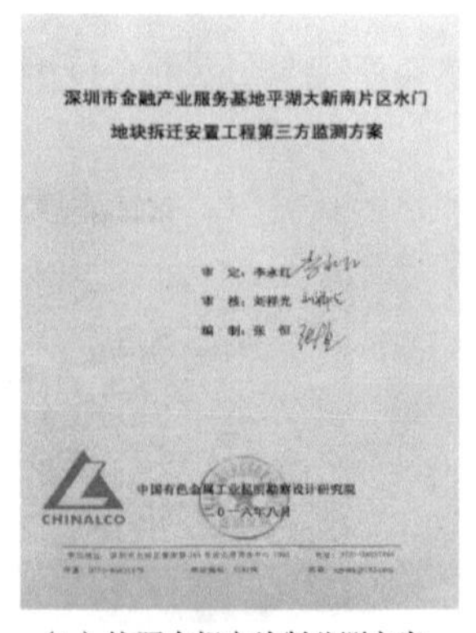

深圳市金融产业服务基地平湖大新南片区水门地块拆迁安置工程第三方监测方案

审定：李永红

审核：刘祥先

编制：张恒

CHINALCO

中国有色金属工业昆明勘察设计研究院

二〇一六年八月

（b）按照本规定编制监测方案

图38 监测单位未满足以上要求的处罚（一）

（c）按照监测方案开展监测

（d）发现异常应及时报告

图38 监测单位未满足以上要求的处罚（二）

参考文件：

《建筑基坑工程监测技术规范》（GB 50497-2009）

4.3 巡视检查

4.3.2 基坑工程巡视检查应包括以下主要内容：

1 支护结构：（1）支护结构成型质量；（2）冠梁、支撑、围檩有无裂缝出现；（3）支撑、立柱有无较大变形；（4）止水帷幕有无开裂、渗漏；（5）墙后土体有无沉陷、裂缝及滑移；（6）基坑有无涌土、流砂、管涌。

3 基坑周边环境：（1）地下管道有无破损、泄露情况；（2）周边建（构）筑物有无裂缝出现；（3）周边道路（地面）有无裂缝、沉陷；（4）邻近基坑及建（构）筑物的施工情况。

第三十九条 县级以上地方人民政府住房城乡建设主管部门或者所属施工安全监督机构的工作人员，未依法履行危大工程安全监督管理职责的，依照有关规定给予处分。

图解：县级以上地方人民政府住房城乡建设主管部门，或者所属施工安全监督机构的工作人员，未依法履行危大工程安全监督管理职责的，依照有关规定给予处分。

图 39　施工安全监督员巡查危大工程

参考文件：

《房屋建筑和市政基础设施工程施工安全监督规定》（建质[2014]153 号）

第三条　国务院住房城乡建设主管部门负责指导全国房屋建筑和市政基础设施工程施工安全监督工作。

县级以上地方人民政府住房城乡建设主管部门负责本行政区域内房屋建筑和市政基础设施工程施工安全监督工作。

县级以上地方人民政府住房城乡建设主管部门可以将施工安全监督工作委托所属的施工安全监督机构具体实施。

第十条　监督机构实施工程项目的施工安全监督，有权采取下列措施：

（一）要求工程建设责任主体提供有关工程项目安全管理的文件和资料；

（二）进入工程项目施工现场进行安全监督抽查；

（三）发现安全隐患，责令整改或暂时停止施工；

（四）发现违法违规行为，按权限实施行政处罚或移交有关部门处理。

（五）向社会公布工程建设责任主体安全生产不良信息。

第十二条　施工安全监督人员有下列玩忽职守、滥用职权、徇私舞弊情形之一，造成严重后果的，给予行政处分；构成犯罪的，依法追究刑事责任：

（一）发现施工安全违法违规行为不予查处的；

（二）在监督过程中，索取或者接受他人财物，或者谋取其他利益的；

（三）对涉及施工安全的举报、投诉不处理的。

附录

关于实施《危险性较大的分部分项工程安全管理规定》有关问题的通知（建办质[2018]31号）

附件 1　危险性较大的分部分项工程范围

一、基坑工程

（一）开挖深度超过 3m（含 3m）的基坑（槽）的土方开挖、支护、降水工程。

图解 1：开挖深度超过 3m（含 3m）的基坑（槽）的土方开挖工程施工，应编制专项方案。

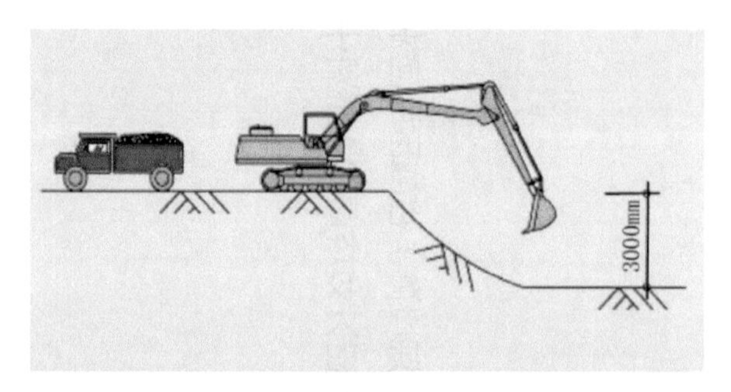

图 1.1-1　基坑开挖深度超过 3m 应编制专项施工方案

图解 2：开挖深度超过 3m（含 3m）的基坑，基坑支护使用土钉墙喷锚支护结构施工，应编制专项方案。

图解 3：开挖深度超过 3m（含 3m）的基坑，基坑支护使用悬臂式结构施工，应编制专项方案。

图 1.1-2　土钉墙喷射混凝土施工

图 1.1-3　悬臂式支护结构施工

图解 4：开挖深度超过 3m（含 3m）的基坑（槽），基坑（槽）使用排水沟、集水井等降水方法，应编制专项方案。

图解 5：开挖深度超过 3m（含 3m）的基坑（槽），基坑降水使用喷射井点（单级）降水等方法，应编制专项方案。

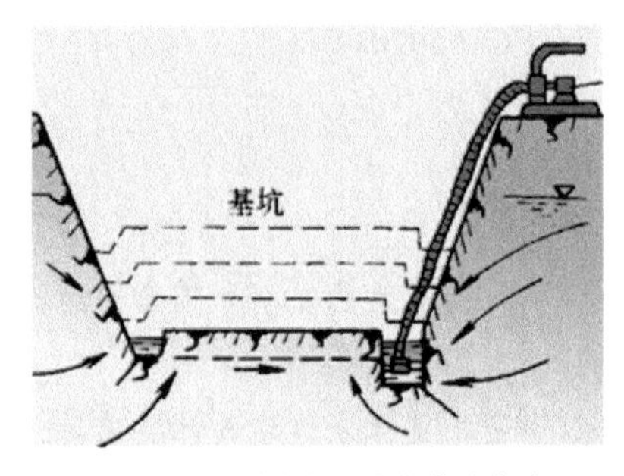

图 1.1-4　排水沟、集水井降水法

图 1.1-5　喷射井点降水（单级）方法

（二）开挖深度虽未超过 3m，但地质条件、周围环境和地下管线复杂，或影响毗邻建、构筑物安全的基坑（槽）的土方开挖、支护、降水工程。

图解：开挖深度虽未超过 3m，但地质条件、周围环境和地下管线复杂，或影响毗邻建、构筑物安全的基坑（槽）的土方开挖、支护、降水工程，应编制专项方案。

图 1.2　未超过 3m 基坑土方开挖工程施工

适用规范、图集：

《建筑基坑支护技术规程》(JGJ 120-2012)

《岩土锚杆与喷射混凝土支护工程技术规范》(GB 50086-2015)

《建筑基坑支护结构构造》11SG814

《建筑施工土石方工程安全技术规范》(JGJ 180-2009)

《土方与爆破工程施工及验收规范》(GB 50201-2012)

工程建设标准强制性条文条款：

《建筑基坑支护技术规程》(JGJ 120-2012)

3.1.2 基坑支护应满足下列功能要求：

1 保证基坑周边建(构)筑物、地下管线、道路的安全和正常使用；

2 保证主体地下结构的施工空间。

8.1.3 当基坑开挖面上方的锚杆、土钉、支撑未达到设计要求时，严禁向下超挖土方。

8.1.4 采用锚杆或支撑的支护结构，在未达到设计规定的拆除条件时，严禁拆除锚杆或支撑。

8.1.5 基坑周边施工材料、设施或车辆荷载严禁超过设计要求的地面荷载限值。

8.2.2 安全等级为一级、二级的支护结构，在基坑开挖过程与支护结构使用期内，必须进行支护结构的水平位移监测和基坑开挖影响范围内建（构）筑物、地面的沉降监测。

《岩土锚杆与喷射混凝土支护工程技术规范》(GB 50086-2015)

12.1.19 工程锚杆必须进行验收试验。其中占锚杆总量5%且不小于3根的锚杆应进行多循环张拉验收试验，占锚杆总量95%的锚杆应进行单循环张拉验收试验。

《建筑施工土石方工程安全技术规范》(JGJ 180-2009)

2.0.2 土石方工程应编制专项施工安全方案，并应严格按照方案实施。

2.0.3 施工前应针对安全风险进行安全教育及安全技术交底。特种作业人员必须持证上岗，机械操作人员应经过专业技术培训。

2.0.4 施工现场发现危及人身安全和公共安全的隐患时，必须立即停止作业，排除隐患后方可恢复施工。

6.3.2 基坑支护结构必须在达到设计要求的强度后，方可开挖下层土方，严禁提前开挖和超挖。施工过程中，严禁设备或重物碰撞支撑、腰梁、锚杆等基坑支护结构，亦不得在支护结构上放置或悬挂重物。

《土方与爆破工程施工及验收规范》（GB 50201-2012）

4.1.8 基坑、管沟边沿及边坡等危险地段施工时，应设置安全护栏和明显标志。夜间施工时，现场照明条件应满足施工需要。

二、模板工程及支撑体系

（一）各类工具式模板工程：包括滑模、爬模、飞模、隧道模等工程。

图解 1： 滑模，根据图纸制作墙体模板，墙体模板和液压提升架装置相连，并利用液压装置整体提升。模板边提升边绑扎钢筋，边浇筑混凝土。滑模施工，应编制专项方案。

图 2.1-1 模板工程滑模施工

图 2.1-2 模板工程爬模施工

图解 2： 爬模，是由爬升模板、爬架和爬升设备三部分组成。具备自爬的能力，不需起重机械吊运，模板上悬挂脚手架可省去外脚手架。爬模施工，应编制专项方案。

图解 3： 飞模，可以借助起重机械从已浇筑完混凝土的楼板下吊运飞出转移到上层重复使用，故称飞模。由平台板、支撑系统（包括梁、支架、支撑、支腿等）和其他配件（如升降和行走机构等）组成。飞模施工，应编制专项方案。

图解 4：隧道模，是一种组合式定型模板，用以在现场同时浇筑墙体和楼板的混凝土，因为这种模板的外形像隧道，故称之为隧道模。隧道模施工，应编制专项方案。

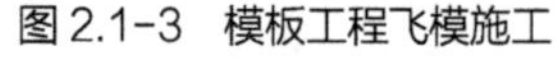
图 2.1-3 模板工程飞模施工

图 2.1-4 模板工程隧道模施工

（二）混凝土模板支撑工程：搭设高度 5m 及以上；或搭设跨度 10m 及以上；或施工总荷载（荷载效应基本组合的设计值，以下简称设计值）$10kN/m^2$ 及以上；或集中线荷载（设计值）15kN/m 及以上；或高度大于支撑水平投影宽度且相对独立无联系构件的混凝土模板支撑工程。

图解 1：高度 5m、跨度 10m、总荷载 $10kN/m^2$、线荷载 15kN/m 以上，应编制专项方案。

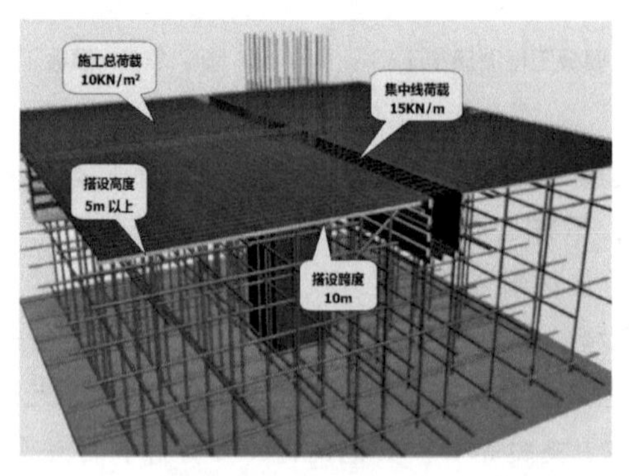

图 2.2-1 模板搭设达到以上条件应编制专项方案

图解 2：高度大于支撑水平投影宽度且相对独立无联系构件的，应编制专项方案。

图 2.2-2　支撑高度大于宽度的独立构件施工

（三）承重支撑体系：用于钢结构安装等满堂支撑体系。

图解：满堂承重支撑体系用于钢结构安装，应编制专项方案。

图 2.3　钢结构安装施工的满堂承重支撑体系

适用规范、图集：

《建筑施工模板安全技术规范》（JGJ 162-2008）

《建筑工程大模板技术规程》（JGJ 74-2003）

《液压爬升模板工程技术规程》（JGJ 195-2010）

《滑动模板工程技术规范》(GB 50113-2005)

工程建设标准强制性条文条款：

《建筑施工模板安全技术规范》(JGJ 162-2008)

5.1.6 模板结构构件的长细比应符合下列规定：

1. 受压构件长细比：支架立柱及桁架不应大于150；拉条、缀条、斜撑等联系构件不应大于200；

2. 受拉构件长细比：钢杆件不应大于350：木杆件不应大于250。

《建筑工程大模板技术规程》(JGJ 74-2003)

3.0.2 组成大模板各系统之间的连接必须安全可靠。

《液压爬升模板工程技术规程》(JGJ 195-2010)

3.0.1 采用液压爬升模板进行施工必须编制爬模专项施工方案，进行爬模装置设计与工作荷载计算；且必须对承载螺栓、支承杆和导轨主要受力部件分别按施工、爬升和停工三种工况进行强度、刚度及稳定性计算。

《滑动模板工程技术规范》(GB 50113-2005)

6.4.1 用于施工的混凝土，应事先做好混凝土配合比的试配工作，其性能除应满足设计所规定的强度、抗渗性、耐久性及季节性施工等要求外，尚应满足下列规定：

1 混凝土早期强度的增长速度，必须满足模板滑升速度的要求。

三、起重吊装及起重机械安装拆卸工程

(一)采用非常规起重设备、方法，且单件起吊重量在10kN及以上的起重吊装工程。

图解1：使用非常规起重设备扒杆吊装起吊重量在10kN及以上的，应编制专项方案。

图解2：使用非常规起重设备滚杠装卸移动设备重量10kN及以上的，应编制专项方案。

图 3.1-1 非常规起重设备扒杆吊装设备

图 3.1-2 非常规起重设备滚杠装卸移动设备

（二）采用起重机械进行安装的工程。

图解 1：采用移动式起重机械安装施工的工程，应编制专项方案。

图解 2：采用塔式起重机械安装施工的工程，应编制专项方案。

图 3.2-1 移动式起重机械安装施工

图 3.2-2 塔式起重机械安装施工

（三）起重机械的安装和拆卸工程。

图解 1：塔式起重机，由塔身、动臂和底座，有起升、变幅、回转和行走四部分；电气系统包括电动机、控制器、配电柜、连接线路、信号及照明装置等组成。建筑施工常用自升式、内爬式及外挂内爬式塔式起重机。塔式起重机安装和拆卸施工，应编制专项方案。

图 3.3-1　自升式塔式起重机安装施工

图解 2：施工升降机，即施工电梯，由轿厢、驱动机构、标准节、附墙、底盘、围栏、电气系统等几部分组成，是建筑施工中载人载货的施工机械，一般在轿厢内控制和也可在地面控制。施工升降机安装和拆卸施工，应编制专项方案。

图解 3：物料提升机。物料提升机设置了断绳保护安全装置、停靠安全装置、缓冲装置、上下高度及极限限位器、防松绳装置等安全保护装置，只能载物不可载人。物料提升机使用手提式控制端。物料提升机安装和拆卸施工，应编制专项方案。

图 3.3-2　施工升降机施工

图 3.3-3　物料提升机安装验收

适用规范、图集：

《建筑施工起重吊装工程安全技术规范》（JGJ 276 -2012）

《建筑施工塔式起重机安装、使用、拆卸安全技术规程》(JGJ 196- 2010)

《起重机械分类》(GB/T 20776 - 2006)

《起重机械安全规程》(GB 6067.1 - 2010)

工程建设标准强制性条文条款：

《建筑施工起重吊装工程安全技术规范》(JGJ 276 -2012)

3.0.1 起重吊装作业前，必须编制吊装作业的专项施工方案，并应进行安全技术措施交底；作业中，未经技术负责人批准，不得随意更改。

3.0.19 暂停作业时，对吊装作业中未形成稳定体系的部分，必须采取临时固定措施。

3.0.23 对临时固定的构件，必须在完成了永久固定，并经检查确认无误后，方可解除临时固定措施。

《建筑施工塔式起重机安装、使用、拆卸安全技术规程》(JGJ 196- 2010)

2.0.3 塔式起重机安装、拆卸作业应配备下列人员：

1 持有安全生产考核合格证书的项目负责人和安全负责人、机械管理人员；

2 具有建筑施工特种作业操作资格证书的建筑起重机械安装拆卸工、起重司机、起重信号工、司索工等特种作业操作人员。

四、脚手架工程

(一) 搭设高度 24m 及以上的落地式钢管脚手架工程(包括采光井、电梯井、脚手架)。

图解：搭设高度 24m 及以上的落地式钢管脚手架工程(包括采光井、电梯井、脚手架)，应编制专项方案。

(二) 附着式升降脚手架工程。

图解：附着式升降脚手架工程，应编制专项方案。

图 4.1　落地式钢管脚手架工程

图 4.2　附着式提升脚手架工程

（三）悬挑式脚手架工程。

图解： 悬挑式脚手架工程，应编制专项方案。

（四）高处作业吊篮。

图解： 高处作业吊篮工程施工，应编制专项方案。

图 4.3　悬挑式脚手架工程施工

图 4.4　高处作业吊篮施工

（五）卸料平台、操作平台工程。

图解 1： 卸料及操作平台，由钢管、型钢及其他等效性能材料等组装搭设制作的供施工现场高处作业和载物的平台，包括移动式、落地式、悬挑式等平台。使用卸料及操作平台施工，应编制专项方案。

图解 2： 移动式操作平台，带脚轮或导轨，可移动的脚手架操作平台，搭设面积不宜大于 $10m^2$，高度不宜大于 5m，高宽比不应大于 2∶1，施工荷载不应大于 1.5 kN/m²。移动式操作平台，应编制专项方案。

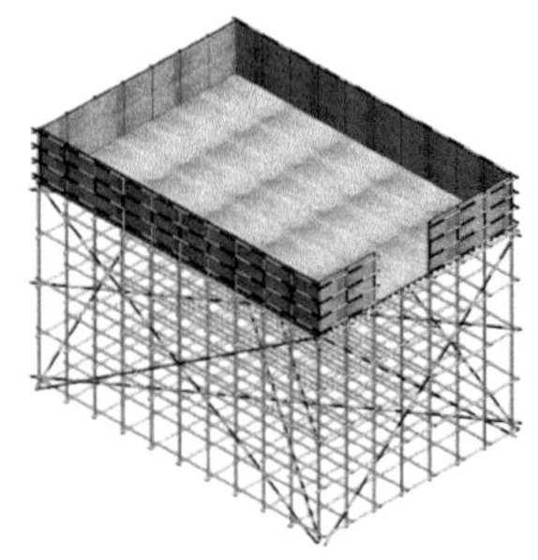

图 4.5-1　施工卸料及操作平台

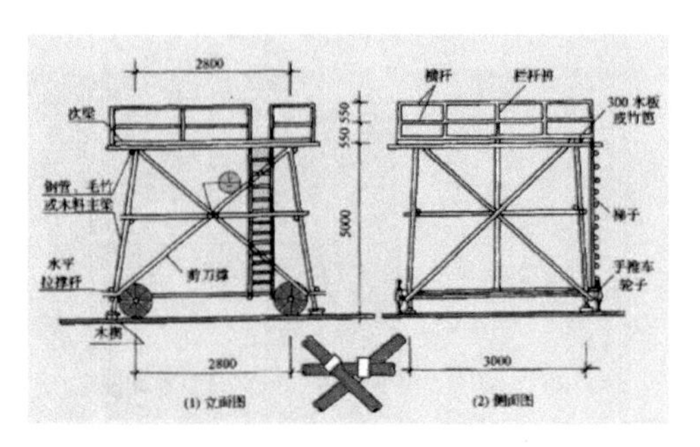

图 4.5-2　移动式操作平台

图解 3：落地式操作平台，从地面或楼面搭起、不能移动的操作平台，单纯进行施工作业的施工平台和可进行施工作业与承载物料的接料平台，搭设高度不应大于 15m，高宽比不应大于 3∶1，施工荷载不应大于 2.0kN/m²。落地式操作平台，应编制专项方案。

图解 4：悬挑式操作平台，以悬挑形式搁置或固定在建筑物结构边沿的操作平台，斜拉式悬挑操作平台和支承式悬挑操作平台，悬挑长度不宜大于 5m，均布荷载不应大于 5.5kN/m²，集中荷载不应大于 15kN/m 以上。悬挑式操作平台，应编制专项方案。

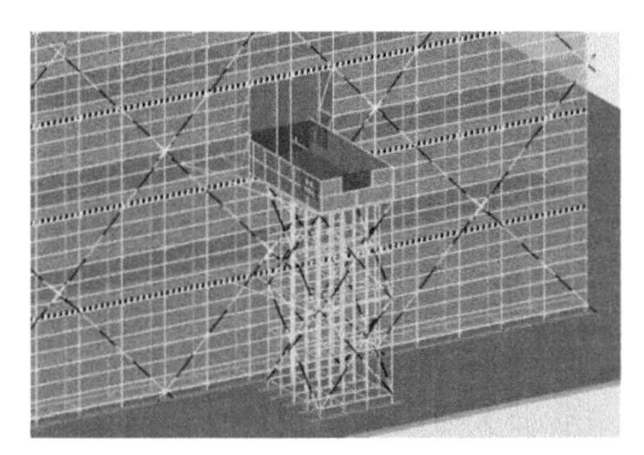

图 4.5-3　落地式操作平台

图 4.5-4　悬挑式操作平台

(六)异型脚手架工程。

图解： 异型脚手架搭设施工，应编制专项方案。

图 4.6 异型脚手架搭设施工

适用规范、图集：

《建筑施工扣件式钢管脚手架安全技术规范》(JGJ 130-2011)

《建筑施工碗扣式钢管脚手架安全技术规范》(JGJ 166-2008)

《建筑施工承插型盘扣式钢管支架安全技术规程》(JGJ 231-2010)

《建筑施工工具式脚手架安全技术规范》(JGJ 202- 2010)

《建筑施工高处作业安全技术规范》(JGJ 80-2016)

工程建设标准强制性条文条款：

《建筑施工扣件式钢管脚手架安全技术规范》(JGJ 130-2011)

6.6.3 高度在 24m 及以上的双排脚手架应在外侧全立面连续设置剪刀撑；高度在 24m 以下的单、双排脚手架，均必须在外侧两端、转角及中间间隔不超过 15m 的立面上，各设置一道剪刀撑，并应由底至顶连续设置。

8.1.4 扣件进入施工现场应检查产品合格证，并应进行抽样复试，技术性能应符合现行国家标准《钢管脚手架扣件》(GB 15831)的规定。扣件在使用前应逐个挑选，有裂缝、变形、螺栓出现滑丝的严禁使用。

9.0.1 扣件式钢管脚手架安装与拆除人员必须是经考核合格的专业架子工。架子工应持证上岗。

《建筑施工工具式脚手架安全技术规范》(JGJ 202-2010)

4.5.1 附着式升降脚手架必须具有防倾覆、防坠落和同步升降控制的安全装置。

7.0.3 总承包单位必须将工具式脚手架专业工程发包给具有相应资质等级的专业队伍，并应签订专业承包合同，明确总包、分包或租赁等各方的安全生产责任。

8.2.1 高处作业吊篮在使用前必须经过施工、安装、监理等单位的验收，未经验收或验收不合格的吊篮不得使用。

五、拆除工程

可能影响人、交通、电力设施、通讯设施或其他建筑、构筑物安全的拆除工程。

图解 1：建筑物拆除工程，应编制专项方案。

图解 2：构筑物拆除工程，应编制专项方案。

图解 3：采用爆破拆除工程。应编制专项方案。

图 5.1 建筑物拆除工程施工

图 5.2 构筑物拆除工程施工

图 5.3 爆破拆除的工程施工

适用规范、图集：

《土方与爆破工程施工及验收规范》（GB 50201-2012）

《建筑施工土石方工程安全技术规范》（JGJ 180-2009）

工程建设标准强制性条文条款：

《土方与爆破工程施工及验收规范》（GB 50201-2012）

5.1.12 爆破作业人员应按爆破设计进行装药，当需调整时，应征得现场技术负责人员同意并做好变更记录。在装药和填塞过程中，应保护好爆破网线；当发生装药阻塞，严禁用金属杆（管）捣捅药包。

爆前应进行网路检查，在确认无误的情况下再起爆。

5.2.10 起爆后应立即切断电源，并将主线短路。使用瞬发电雷管起爆时应在切断电源后再保持短路5min后再进入现场检查；采用延期电雷管时，应在切断电源后再保持短路15min后进入现场检查。

5.4.8 拆除爆破施工前，应调查了解被拆物的结构性能，查明附近建(构)筑物种类、各种管线和其他设施的分布状况和安全要求等情况。地下管网及设施，应做好记录并绘制相关位置关系图。

《建筑施工土石方工程安全技术规范》(JGJ 180-2009)

5.1.4 爆破作业环境有以下情况时，严禁进行爆破作业：

1 爆破可能产生不稳定边坡、滑坡、崩坡的危险；

2 爆破可能危及建(构)筑物、公共设施或人员的安全；

3 恶劣天气条件下。

六、暗挖工程

采用矿山法、盾构法、顶管法施工的隧道、洞室工程。

图解1：矿山法，是以木或钢构件作为临时支撑，待隧道开挖成型后，逐步将临时支撑撤换下来，而代之以整体式厚衬砌作为永久性支护的施工方法，应编制专项方案。

图6.1 矿山法隧道施工

图解2：盾构法，是一种全机械化的施工方法。盾构机械用切削装置开挖前面的土体，向前推进。盾构外壳和管片支承四周围岩防止隧道内发生坍塌，出土机械将土运出洞外，拼装预制混凝土管片，形成隧道结构，应编制专项方案。

图解 3： 顶管施工，是一种不开挖或者少开挖的管道埋设施工技术。借助于顶进设备产生的顶力，克服管道与周围土壤的摩擦力，将管道按设计的坡度顶入土中，并将土方运走。隧道或地下管道穿越铁路、道路、河流或建筑物等各种障碍物时采用的一种施工方法，应编制专项方案。

图 6.2 盾构机隧道施工

图 6.3 顶管法穿越道路施工

《大型工程技术风险控制要点》（建质函 [2018]28 号）（摘要）

7 施工阶段的风险控制要点

7.4 盾构法隧道

7.4.1 盾构始发 / 到达风险；7.4.2 盾构机刀盘刀具出现故障风险；7.4.3 盾构开仓风险；7.4.4 盾构机吊装风险；7.4.5 盾构空推风险；7.4.6 盾构施工过程中穿越风险地质或复杂环境风险；7.4.7 泥水排送系统故障风险；7.4.8 在上软下硬地层中掘进中土体流失风险；7.4.9 盾尾注浆时发生错台、涌水、涌砂风险；7.4.10 管片安装机构出现故障风险；7.4.11 敞开式盾构在硬岩掘进中发生岩爆风险。

7.5 暗挖法隧道

7.5.1 马头门开挖风险；7.5.2 多导洞施工扣拱开挖风险；7.5.3 大断面临时支护拆除风险；7.5.4 扩大段施工风险；7.5.5 仰挖施工风险；7.5.6 钻爆法开挖风险；7.5.7 穿越风险地质或复杂环境风险；

7.5.8 塌方事故风险；7.5.9 涌水、涌砂事故风险；7.5.10 地下管线破坏事故风险。

七、其他

（一）建筑幕墙安装工程。

图解： 建筑幕墙工程，由面板与支撑结构体系组成的，悬挂在主体结构上，不承担主体结构载荷与作用的建筑外围维护结构。建筑幕墙安装工程，应编制专项方案。

（二）钢结构、网架和索膜结构安装工程。

图解 1： 钢结构工程，是以钢材制作为主的结构，是主要的建筑结构类型之一。钢结构工程安装施工，应编制专项方案。

图 7.1　建筑幕墙安装工程施工

图 7.2-1　钢结构工程安装施工

图解 2： 网架工程，由多根杆件按照一定的网格形式通过节点连结而成的空间结构。网架工程安装施工，应编制专项方案。

图解 3： 索膜结构又叫张拉膜结构，张拉膜结构是由多种高强薄膜材料及加强构件（钢架、钢柱或钢索）通过一定方式使其内部产生一定的预张应力以形成某种空间形状，能承受一定的外荷载作用的一种空间结构形式。索膜工程安装施工，应编制专项方案。

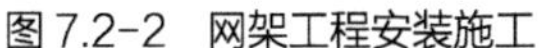

图 7.2-2　网架工程安装施工

图 7.2-3　索膜工程安装施工

（三）人工挖扩孔桩工程。

图解：人工挖孔桩，用人力挖土、现场浇筑的钢筋混凝土桩。人工挖扩孔桩工程，应编制专项方案。

（四）水下作业工程。

图解：水下作业，是指水下打捞、水下探摸、水下切割和焊接；水下安装、水下检测和维修；水下清淤、水下堵漏等。水下作业工程施工，应编制专项方案。

（五）装配式建筑混凝土预制构件安装工程。

图解 1：装配式建筑，采用的方式是在工厂生产预制出包括梁、板、柱和外墙等建筑构件，经过养护并验收合格后运输至现场安装施工完成的建筑。装配式建筑安装工程，应编制专项方案。

图 7.4　水下作业工程施工

图 7.5-1　装配式建筑构件安装施工

图解 2：装配式建筑混凝土预制构件加工。

图 7.5-2 装配式建筑构件加工

（六）采用新技术、新工艺、新材料、新设备可能影响工程施工安全，尚无国家、行业及地方技术标准的分部分项工程。

图解：采用新技术、新工艺、新材料、新设备可能影响工程施工安全，尚无国家、行业及地方技术标准的分部分项工程，应编制专项方案。

图 7.6 地下空间工程逆作法施工技术

图解说明：

采用新技术、新工艺、新材料、新设备及尚无相关技术标准的，专项方案应进行专家论证。根据住房城乡建设部关于做好《建筑业10项新技术（2017版）》推广应用的通知精神，项目涉及施工安全管理方面的危险性较大的分部分项工程内容摘录如下：

1. 地基基础和地下空间工程技术

装配式支护结构施工技术；地下连续墙施工技术；逆作法施工技术；超浅埋暗挖施工技术；复杂盾构法施工技术；非开挖埋管施工技术；综合管廊施工技术。

3. 模板脚手架技术

销键型脚手架及支撑架；集成附着式升降脚手架技术；电动桥式脚手架技术；液压爬升模板技术；整体爬升钢平台技术；组合铝合金模板施工技术；管廊模板技术。

4. 装配式混凝土结构技术

装配式混凝土剪力墙结构技术；装配式混凝土框架结构技术；混凝土叠合楼板技术；预制混凝土外墙挂板技术。

5. 钢结构技术

钢结构滑移、顶（提）升施工技术；索结构应用技术。

适用规范、图集：

《建筑幕墙》（GB/T 21086-2007）

《玻璃幕墙工程技术规范》（JGJ 102-2003）

《钢结构工程施工规范》（GB 50755-2012）

《钢结构工程施工质量验收规范》（GB 50201-2001）

《膜结构技术规程》（CECS158：2015）

《顶管施工技术及验收规范（试行）》

工程建设标准强制性条文条款：

《玻璃幕墙工程技术规范》（JGJ 102-2003）

4.4.4 人员流动密度大、青少年或幼儿活动的公共场所以及使用中容易受到撞击的部位，其玻璃幕墙应采用安全玻璃；对使用中容易受到撞击的部位，尚应设置明显的警示标志。

10.7.4 当高层建筑的玻璃幕墙安装与主体结构施工交叉作业时，在主体结构的施工层下方应设置防护网；在距离地面约3m高处，应设置挑出宽度不小于6m的水平防护网。

《钢结构工程施工规范》(GB 50755-2012)

11.2.4 钢结构吊装作业必须在起重设备的额定起重量范围内进行。

11.2.6 用于吊装的钢丝绳、吊装带、卸扣、吊钩等吊具应经检查合格，并应在其额定许用荷载范围内使用。

《空间网格结构技术规程》(JGJ 7—2010)

3.1.8 单层网壳应采用刚接节点。

3.4.5 对立体桁架、立体拱架和张弦立体拱架应设置平面外的稳定支撑体系。

4.3.1 单层网壳以及厚度小于跨度1/50的双层网壳均应进行稳定性计算。

附件 2　超过一定规模的危险性较大的分部分项工程范围

一、深基坑工程

开挖深度超过 5m（含 5m）的基坑（槽）的土方开挖、支护、降水工程。

图解 1：开挖深度超过 5m（含 5m）的基坑（槽）工程，属深基坑范围，专项方案应进行专家论证。

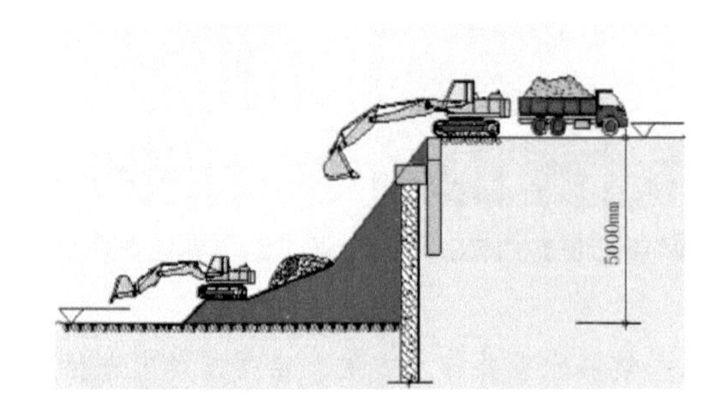

图 1.1　基坑开挖深度超过 5m 应组织专家论证

图解 2：深基坑支护锚拉式结构施工，专项方案应进行专家论证。

图解 3：深基坑支护地下连续墙结构施工，专项方案应进行专家论证。

图 1.2　深基坑锚拉式结构施工

图 1.3　深基坑地下连续墙施工

图解 4：钢板桩施工，是指运用钢板桩在施工过程中达到基坑支护作用的施工过程，专项方案应进行专家论证。

图解 5：深基坑支护内支撑式结构施工，专项方案应进行专家论证。

图 1.4　深基坑钢板桩支护施工

图 1.5　深基坑支护内支撑式结构施工

图解 6：深基坑降水管井降水方法，专项方案应进行专家论证。

图解 7：深基坑降水喷射井点降水（多级）方法，专项方案应进行专家论证。

图 1.6　深基坑降水管井降水方法

图 1.7　喷射井点降水（多级）方法

适用规范、图集：

《建筑深基坑工程施工安全技术规范》（JGJ 311-2013）

《建筑施工土石方工程安全技术规范》（JGJ 180-2009）

《建筑基坑支护技术规程》(JGJ 120-2012)

《建筑基坑工程监测技术规范》(GB 50497-2009)

《建筑边坡工程技术规范》(GB 50330-2013)

工程建设标准强制性条文条款：

《建筑深基坑工程施工安全技术规范》(JGJ 311-2013)

3.0.13 支护结构施工与基坑开挖期间，支护结构达到设计强度要求前，严禁在设计预计的滑裂面范围内堆载；临时土方的堆放应进行包括自身稳定性、临近建筑物地基和基坑稳定性验算。

《建筑施工土石方工程安全技术规范》(JGJ 180-2009)

第 2.0.2、2.0.3、2.0.4、5.1.4、6.3.2 条

二、模板工程及支撑体系

(一) 各类工具式模板工程:包括滑模、爬模、飞模、隧道模工程。

图解 1：滑模施工专项方案应进行专家论证。

图解 2：爬模施工专项方案应进行专家论证。

图 2.1-1 模板工程滑模施工

图 2.1-2 模板工程爬模施工

图解 3：飞模施工专项方案应进行专家论证。

图解 4：隧道模施工专项方案应进行专家论证。

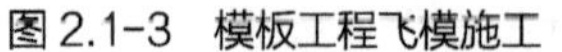

图 2.1-3　模板工程飞模施工

图 2.1-4　模板工程隧道模施工

（二）混凝土模板支撑工程：搭设高度 8m 及以上，或搭设跨度 18m 及以上，或施工总荷载（设计值）15kN/m^2 及以上，或集中线荷载（设计值）20kN/m 及以上。

图解：搭设高度 8m、搭设跨度 18m、施工总荷载（设计值）15kN/m^2、集中线荷载（设计值）20kN/m 以上，专项方案应进行专家论证。

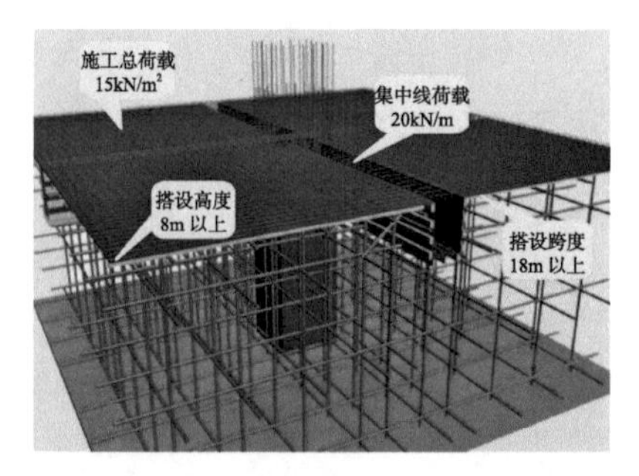

图 2.2　模板搭设达到以上条件应组织专家论证

（三）承重支撑体系：用于钢结构安装等满堂支撑体系，承受单点集中荷载 7kN/m 以上。

图解 1：承重支撑体系用于钢结构安装，承受单点集中荷载 7kN/m 以上的满堂支撑体系，专项方案应进行专家论证。

图解 2：承重支撑体系用于钢结构安装，承受单点集中荷载 7kN/m

以上，专项方案应进行专家论证。

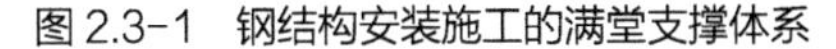

图 2.3-1 钢结构安装施工的满堂支撑体系

图 2.3-2 钢结构安装施工的承重支撑体系

适用规范、图集：

《建筑施工模板安全技术规范》(JGJ 162-2008)

《建设工程高大模板支撑系统施工安全监督管理导则》(建质[2009] 254 号)

工程建设标准强制性条文条款：

《建筑施工模板安全技术规范》(JGJ 162-2008)

第 5.1.6、6.1.9、6.2.4 条

《建设工程高大模板支撑系统施工安全监督管理导则》(建质[2009] 254 号)

3 验收管理

3.3 高大模板支撑系统应在搭设完成后，由项目负责人组织验收，验收人员应包括施工单位和项目两级技术人员、项目安全、质量、施工人员，监理单位的总监和专业监理工程师。验收合格，经施工单位项目技术负责人及项目总监理工程师签字后，方可进入后续工序的施工。

5 监督管理

5.1 施工单位应严格按照专项施工方案组织施工。高大模板支撑系统搭设、拆除及混凝土浇筑过程中，应有专业技术人员进行现场指导，设专人负责安全检查，发现险情，立即停止施工并采取应急措施，排除险情后，方可继续施工。

三、起重吊装及起重机械安装拆卸工程

（一）采用非常规起重设备、方法，且单件起吊重量在 100kN 及以上的起重吊装工程。

图解 1：使用非常规起重设备扒杆，吊装单件起吊重量在 100kN 及以上，专项方案应进行专家论证。

图解 2：使用非常规起重设备滚杠，装卸移动设备，单件起吊重量在 100kN 及以上，专项方案应进行专家论证。

图 3.1-1　非常规起重设备扒杆吊装设备

图 3.1-2　非常规起重设备滚杠装卸移动设备

（二）起重量 300kN 及以上，或搭设总高度 200m 及以上，或搭设基础标高在 200m 及以上的起重机械安装和拆卸工程。

图解 1：起重量 300kN 及以上的起重设备安装工程，专项方案应进行专家论证。

图解 2：搭设总高度 200m 及以上的起重机械安装和拆卸工程，专项方案应进行专家论证。

图解 3：搭设基础标高在 200m 及以上的起重机械安装和拆除工程，专项方案应进行专家论证。

图 3.2-1 大型构件起重设备安装施工

图 3.2-2 超高层起重机械的安装施工

图 3.2-3 超高层起重设备的拆除吊运施工

适用规范、图集：

《建筑施工起重吊装工程安全技术规范》（JGJ 276-2012）

《建筑施工塔式起重机安装、使用、拆卸安全技术规程》（JGJ 196-2010）

工程建设标准强制性条文条款：

《建筑施工起重吊装工程安全技术规范》（JGJ 276-2012）

3.0.1 起重吊装作业前，必须编制吊装作业的专项施工方案，并应进行安全技术措施交底；作业中，未经技术负责人批准，不得随意更改。

3.0.19 暂停作业时，对吊装作业中未形成稳定体系的部分，必须采取临时固定措施。

3.0.23 对临时固定的构件，必须在完成了永久固定，并经检查确认无误后，方可解除临时固定措施。

《建筑施工塔式起重机安装、使用、拆卸安全技术规程》(JGJ 196- 2010)

2.0.3 塔式起重机安装、拆卸作业应配备下列人员：

1 持有安全生产考核合格证书的项目负责人和安全负责人、机械管理人员；

2 具有建筑施工特种作业操作资格证书的建筑起重机械安装拆卸工、起重司机、起重信号工、司索工等特种作业操作人员。

四、脚手架工程

(一) 搭设高度 50m 及以上落地式钢管脚手架工程。

图解：搭设高度 50m 及以上的落地式钢管脚手架工程，专项方案应进行专家论证。

图 4.1 落地式钢管脚手架工程

(二) 提升高度 150m 及以上的附着式升降脚手架工程或附着式升降操作平台工程。

图解 1：提升高度 150m 及以上的附着式升降脚手架工程，专项方案应进行专家论证。

图解 2：附着式升降操作平台工程，专项方案应进行专家论证。

图 4.2-1 附着式升降脚手架工程

图 4.2-2 附着式升降操作平台工程

（三）分段架体高度 20m 及以上悬挑式脚手架工程。

图解 1：架体分段高度 20m 及以上悬挑式脚手架工程，专项方案应进行专家论证。

图解 2：是挑式脚手架底部应进行封闭，悬挑工字钢型号及安装方法，应符合规范及专家论证的专项方案要求。

图 4.3-1 分段高度 20m 及以上悬挑式脚手架工程

图 4.3-2 悬挑式脚手架工程底部悬挑

适用规范、图集：

《建筑施工扣件式钢管脚手架安全技术规范》（JGJ 130-2011）

《建筑施工碗扣式钢管脚手架安全技术规范》（JGJ 166-2008）

《建筑施工承插型盘扣式钢管支架安全技术规程》（JGJ 231-2010）

《建筑施工工具式脚手架安全技术规范》(JGJ 202- 2010)

工程建设标准强制性条文条款:

《建筑施工扣件式钢管脚手架安全技术规范》(JGJ 130-2011)

6.6.3 高度在24m及以上的双排脚手架应在外侧全立面连续设置剪刀撑;高度在24m以下的单、双排脚手架,均必须在外侧两端、转角及中间间隔不超过15m的立面上,各设置一道剪刀撑,并应由底至顶连续设置。

8.1.4 扣件进入施工现场应检查产品合格证,并应进行抽样复试,技术性能应符合现行国家标准《钢管脚手架扣件》(GB 15831)的规定。扣件在使用前应逐个挑选,有裂缝、变形、螺栓出现滑丝的严禁使用。

9.0.1 扣件式钢管脚手架安装与拆除人员必须是经考核合格的专业架子工。架子工应持证上岗。

《建筑施工工具式脚手架安全技术规范》(JGJ 202-2010)

4.5.1 附着式升降脚手架必须具有防倾覆、防坠落和同步升降控制的安全装置。

7.0.3 总承包单位必须将工具式脚手架专业工程发包给具有相应资质等级的专业队伍,并应签订专业承包合同,明确总包、分包或租赁等各方的安全生产责任。

五、拆除工程

(一)码头、桥梁、高架、烟囱、水塔或拆除中容易引起有毒有害气(液)体或粉尘扩散、易燃易爆事故发生的特殊建、构筑物的拆除工程。

图解1: 船用码头拆除施工,专项方案应进行专家论证。

图解2: 桥梁拆除施工,专项方案应进行专家论证。

图解3: 高架桥拆除工程,专项方案应进行专家论证。该图片为湖北武汉东风大道的沌阳高架桥的爆破拆除。该桥近3.5km长,爆破历时28s完成。

图解4: 采用定向爆破拆除的烟囱工程,专项方案应进行专家论证。

图解5: 冷却水塔爆破拆除施工,专项方案应进行专家论证。

图解6：拆除中引起粉尘扩散，影响行人、交通的拆除工程，专项方案应进行专家论证。

图 5.1-1 船用码头拆除施工

图 5.1-2 桥梁拆除施工

图 5.1-3 高架桥拆除工程

图 5.1-4 烟囱定向爆破拆除施工

图 5.1-5 冷却水塔爆破拆除施工

图 5.1-6 粉尘扩散影响行人、交通的拆除工程

（二）文物保护建筑、优秀历史建筑或历史文化风貌区影响范围的拆除工程。

图解：文物保护等建筑控制范围内的拆除工程，专项方案应进行专家论证。

图 5.2　文物保护等建筑控制范围内的拆除工程

适用规范、图集：

《土方与爆破工程施工及验收规范》(GB 50201-2012)

《建筑施工土石方工程安全技术规范》(JGJ 180-2009)

工程建设标准强制性条文条款：

《土方与爆破工程施工及验收规范》(GB 50201-2012)

5.1.12　爆破作业人员应按爆破设计进行装药，当需调整时，应征得现场技术负责人员同意并做好变更记录。在装药和填塞过程中，应保护好爆破网线；当发生装药阻塞，严禁用金属杆（管）捣捅药包。爆前应进行网路检查，在确认无误的情况下再起爆。

5.2.10　起爆后应立即切断电源，并将主线短路。使用瞬发电雷管起爆时应在切断电源后再保持短路 5min 后再进入现场检查；采用延期电雷管时，应在切断电源后再保持短路 15min 后进入现场检查。

5.4.8　拆除爆破施工前，应调查了解被拆物的结构性能，查明附近建(构)筑物种类、各种管线和其他设施的分布状况和安全要求等情况。地下管网及设施，应做好记录并绘制相关位置关系图。

《建筑施工土石方工程安全技术规范》(JGJ 180-2009)

5.1.4 爆破作业环境有以下情况时，严禁进行爆破作业：

1 爆破可能产生不稳定边坡、滑坡、崩坡的危险；

2 爆破可能危及建（构）筑物、公共设施或人员的安全；

3 恶劣天气条件下。

六、暗挖工程

采用矿山法、盾构法、顶管法施工的隧道、洞室工程。

图解 1：矿山法专项方案应进行专家论证。

图解 2：盾构法专项方案应进行专家论证。

图 6.1 矿山法隧道施工

图 6.2 盾构机隧道施工

图解 3：顶管施工专项方案应进行专家论证。

图 6.3 顶管法穿越道路施工

七、其他

（一）施工高度 50m 及以上的建筑幕墙安装工程。

图解：施工高度 50m 及以上的建筑幕墙安装工程施工，专项方案应进行专家论证。

图 7.1 建筑幕墙安装工程施工

（二）跨度大于 36m 及以上的钢结构安装工程，或跨度 60m 及以上的网架和索膜结构安装工程。

图解 1：跨度大于 36m 及以上的钢结构安装工程施工，专项方案应进行专家论证。

图解 2：跨度 60m 及以上的网架结构安装工程施工，专项方案应进行专家论证。

图 7.2-1 钢结构工程安装施工

图 7.2-2 网架安装工程施工

图解 3：跨度 60m 及以上的索膜结构安装工程施工，专项方案应进行专家论证。

图 7.2-3　索膜结构安装工程施工

（三）开挖深度 16m 及以上的人工挖孔桩工程。

图解：开挖深度 16m 及以上的人工挖孔桩工程施工，专项方案应进行专家论证。

（四）水下作业工程。

图解：水下作业工程施工，专项方案应进行专家论证。

图 7.3　人工挖扩孔桩工程施工

图 7.4　水下作业工程施工

（五）重量 1000kN 及以上的大型结构整体顶升、平移、转体等施工工艺。

图解 1：整体顶升法。当网架采用整体顶升法时，利用网架的支承柱作为顶升时的支承结构，也可在原支点处或其附近设置临时顶升支架。顶升系统主要有千斤顶、支撑架以及稳定支撑三个部分组成，同时多个顶升系统作业时又增加了液压油缸同步控制系统来实现多个顶升点的同步性。

图解 2：网架结构的整体提升、平移及转体施工。在地面（或临时平台）上进行整体组装完成后，由起重设备进行一次整体提升，吊装时在高空平移或旋转就位。

图 7.5-1 网架结构整体顶升施工

图 7.5-2 网架结构整体提升、平移及转体安装

（六）采用新技术、新工艺、新材料、新设备可能影响工程施工安全，尚无国家、行业及地方技术标准的分部分项工程。

图解：采用新技术、新工艺、新材料、新设备可能影响工程施工安全，尚无国家、行业及地方技术标准的分部分项工程，专项方案应进行专家论证。

图 7.6 地下综合管廊施工技术